图说
千种树木 1

主 编 孟庆武
纪殿荣
纪惠芳

中国农业出版社

图说千种树木①

主　编　孟庆武　纪殿荣　纪惠芳

副主编　吴京民　唐秀光　宋起图

参　编　李永宁　李会平　闫海霞

郑建伟　宋　珍　卜志国

甄志先　杜少华　纪姝晶

马晓晶　关　楠

摄　影　纪殿荣　纪惠芳　黄大庄

孟庆武　赵佳欣

TUSHUO QIANZHONG SHUMU

前言

树木如海。我国树种资源极其丰富，在已发现的3万多种高等植物中，木本植物有8 000多种。其中，乔木2 000多种，灌木6 000多种，不包括变种和栽培品种，如苹果至少有几百个品种，月季至少有几千个品种，都只算1种。

树木多姿。在自然界中，各种树木千姿百态，如金钱松的叶、玉兰的花、人心果的果、左旋柳的干。名树古树更是绚丽多彩，如洛阳的牡丹、香港的洋紫荆、黄山的迎客松、南京的雪松、北京的侧柏、上海的古银杏、河北的天下第一槐等。

树木是宝。木材是建筑、装饰、家具不可替代的材料；果实是人类不可缺少的粮食、水果、油料；能源植物可以替代石油；药用植物可以治病；森林可以涵养水源，调节气候，美化环境，陶冶情操，增进人类身心健康。

树木是标。树木可以在某种程度上反映其环境，如高寒树种反映海拔高度，树木开花返青反映物候，每年北京西山的山桃花开遍原野时，告诉人们春天来了。同样，树叶红了或黄了的时候，则秋天到来。

树木是再生能源。经营合理，可以做到越用越多，而不会出现枯竭。

树木是魂。树木本身也是文化的象征，如银杏的雄伟，松树的坚定，柳树的灵活，榕树的壮观…… 我国历代文人、墨客的诗词和文学作品中，涉及树木景观之多，不胜枚举。其中很多被誉为“神木”、“树魂”，作为文化遗产加以保护。同时，树木也是一个国家、一个民族精神的象征。北京的市树是槐树和侧柏，因为北京的古槐和古柏不仅多，而且是悠久历史文化的见证。

树，就在我们身边，与我们的生活息息相关。我们应该认识它，了解它，保护它。面对千姿百态、浩如海洋的树木，我们只选择常见的和具有较大经济价值、观赏价值、生态价值或文化价值的树木加以介绍。

《图说千种树木》分6册出版，第1册为裸子植物，其余几册均为被子植物。您足不出户，便可看到生长在高山、丘陵、高原、平原、草原、湿地和荒漠地区树木的千姿百态，并了解它们与人类的紧密关系！

限于我们的专业水平，书中不当之处在所难免，敬请读者不吝指正。

作者

2009.5

目录

本册书介绍的树种均为裸子植物（桫椤除外）。

桫椤不是裸子植物，但它是唯一能长成树状的蕨类植物，故收入本书。

目录中列出拉丁文，一眼就能看出树种之间的关系，如天山云杉是雪岭云杉的变种，用“var.”表示。

树木名称用拉丁文表示，是世界植物学会决定的。它可以解决同种异名、同名异种相混淆的问题。

松科松属中少有的灌木。

生长在南方的松树，针叶细长柔软，像马尾巴。

千头柏是侧柏的栽培品种，用单引号表示，可见两者的亲缘关系。

生长在雪域高原的树种。

绿化中常见的低矮灌木。

同有一个“榧”字，但不同科不同属。

绪

世界上的物质共分为两大类：一类是生物，一类是非生物。生物界分两大类：一类是植物，一类是动物。植物又分为两大类，即低等植物和高等植物。低等植物分为藻类、菌类和地衣3大类群。高等植物包括苔藓植物、蕨类植物和种子植物3大类群。

高等植物最重要的特征是产生种子，因此也叫种子植物。根据种子有无果皮包被，通常分为裸子植物和被子植物两大类群。

本册书集中介绍了裸子植物（桫椤除外）。为了便于认识和识别，现对裸子植物分布概况和特点简介如下。

现有裸子植物12科800余种，我国分布11科41属243种。裸子植物的种子都裸露在外，如侧柏、白皮松等，但有些如银杏、杜松、东北红豆杉等也有像外皮的“果皮”，其实那是种皮，不是果皮。

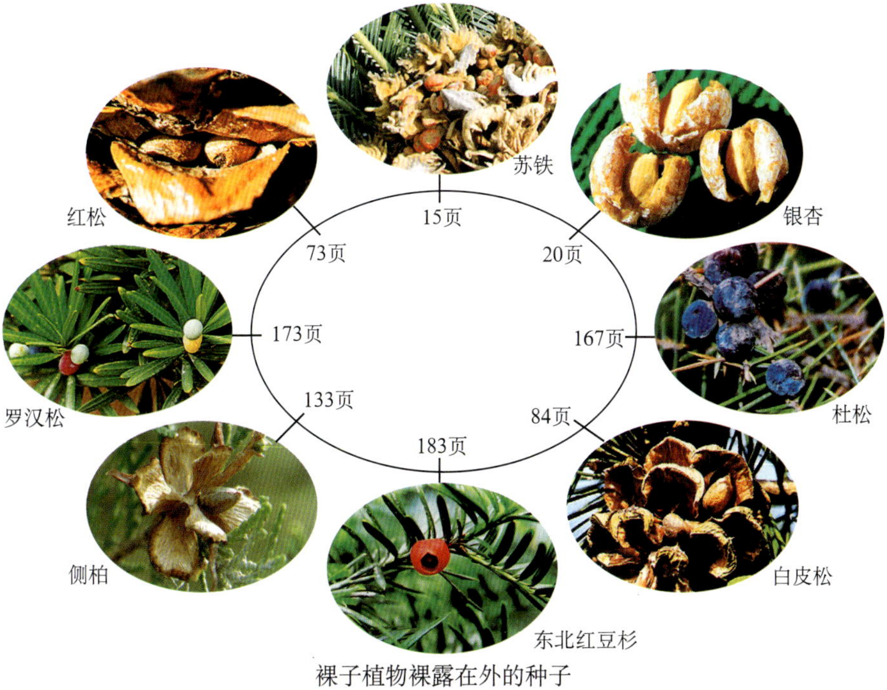

裸子植物裸露在外的种子

识别裸子植物多从叶、树皮、球果、树形等几个方面进行观察。

从叶子观察，裸子植物叶多为针形、条形或鳞形，故常称为针叶树（也有例外如银杏、竹柏等）。

杉科叶片条状披针形

柏科叶片鳞形或刺形

松科的叶散生或簇生，条形或针形

其中，松科针形叶通常还分2针1束，3针1束，5针1束。

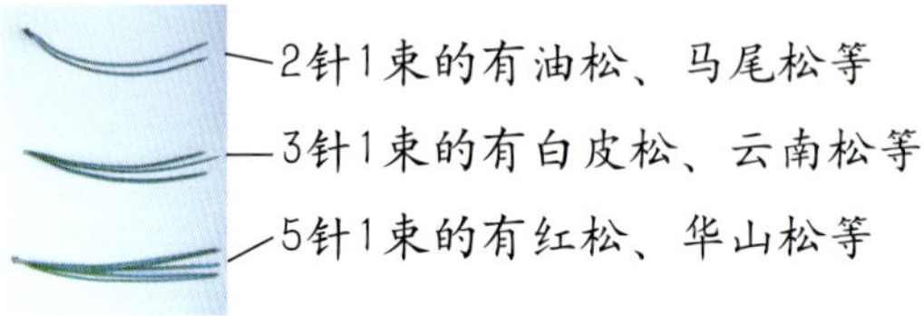

针叶树大多为常绿树。所谓“常绿”，并不是终生不落叶，而是每三五年换一次，而且是交替进行的，如在一些常绿树下，常会看到黄褐色的针叶，但往往不被人们注意罢了。

从树皮观察，松科树皮鳞片状或龟甲状开裂；杉科和柏科树皮呈长条状纵裂。

杉科树皮

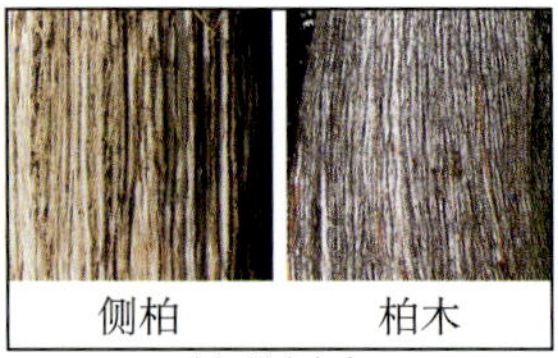

柏科树皮

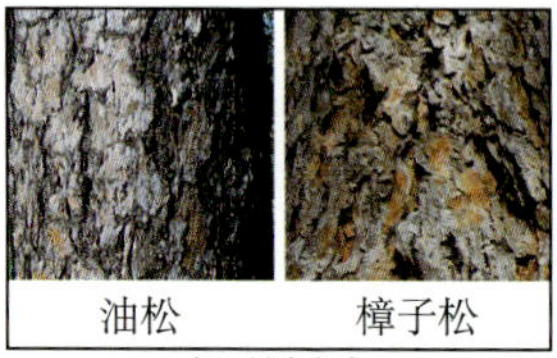

松科树皮

立地条件不同，同一个树种的树皮会有很大的差异，甚至在立地条件相同的条件下，某些树的幼树和大树的树皮也有差异，如雪松、侧柏等。

雪松树皮
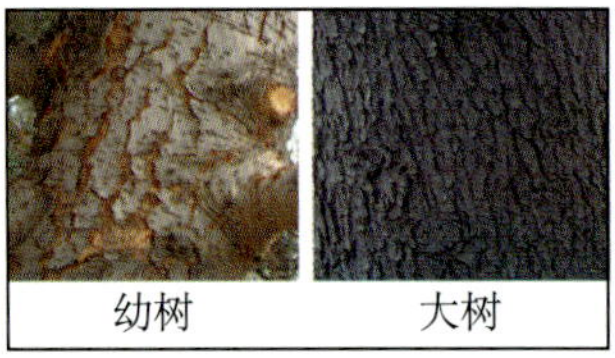

侧柏树皮

从果实观察，如松科松属的球果、松科云杉属的球果各有特点。松科松属球果鳞片厚，松科云杉属球果鳞片薄(见右图)。

松科松属球果

松科云杉属球果

从树形观察，如苏铁、雪松、圆柏、白皮松、油松等各具风姿。

苏铁

雪松

圆柏

白皮松

油松

生长在不同环境中的同一树种会有很大差异，见右图红松。应该尽量从多个角度观察。

森林中的红松

园林栽培的红松

植物园中的红松

裸子植物根据茎的质地还可分为木本、草本和藤本。木本植物即通常所说的树木，包括乔木、灌木、木质藤本和竹类，都是多年生的。

- 高等植物
  - 木本植物
    - 乔木——具有独立的主干，树高一般在4米以上，如油松、毛白杨等
    - 灌木——多为丛生，无明显主干，树高多在三四米以下，如珍珠梅、棣棠等
    - 木质藤本——主干不能直立，匍匐于地上或攀缘他物向上生长，如藤萝等
    - 竹类——材质坚硬，也属树木
  - 草本植物
  - 藤本植物

本书在每一个树种的文字开头部分都标明了是乔木、灌木、木质藤本或竹类以及常绿或落叶，以便读者不仅从树木的种子，还能从植物的茎来了解植物的分类，从而便于识别和记忆。

桫椤 *Alsophila metteniana* 国家一级保护植物

是唯一能长成大树的蕨类植物，故又称“树蕨”。常绿小乔木。树干外皮坚硬，花纹美观，可作笔筒、花瓶等器物或其他工艺品。树干去皮可直接食用。髓心在中药里被称为龙骨风，有祛风湿，强筋骨，清热止咳等

桫椤科
桫椤属

叶片簇生于4米以上（少数则高达10米）挺直茎干的顶部

桫椤是现存唯一的木本蕨类植物，全世界共约230种，中国有11种和2变种。其种群在一亿八千万年前与恐龙同生共荣，享有“活化石”盛誉。茎叶中含有大量淀粉，适合当时的恐龙享用。

桫椤特别喜水怕冷，但到了白垩纪，气候变得干燥和寒冷，这种曾在地球上盛极一时的植物濒临绝种，仅幸存于尚保持着古代气候特征的少数热带、亚热带地区，新西兰就是产地之一，也是该国的国树。桫椤被众多国家列为一级保护濒危植物。

产于贵州、云南、四川、广东、福建、台湾等地

功效。我国贵州赤水有桫椤国家级自然保护区。双株并生、主干双杈、三杈等株型随处可见，故以树形优美、株型奇异而蜚声海内外，享有“蕨类植物之王”的美誉。

二回羽状复叶(小羽片羽状深裂)长1～3米，宽1米左右

桫椤生殖过程在离体情况下进行，发育进程完全受环境变化控制，无完善的根系，不开花，不结果，没有种子，叶片背面的孢子落入土壤之后，萌发成一个心形的片状体，下面生假根，逐步发育长大。

苏铁 *Cycas revoluta* 国家二级保护植物

苏铁俗称铁树，又称凤尾蕉。常绿乔木。喜富含砂石的壤土。雌雄异株。叶分营养叶和鳞叶，前者大，后者小，相互呈环着生于树干顶部。在原产地雄株几乎每年开花，开放时有强烈的类似酿酒发酵的香味，20多天

苏铁科

苏铁属

通常高可达2米左右

作为“植物活化石”的苏铁，以其茎干粗壮直立、体形优美、叶片坚挺浓绿、四季常青，给人以庄严、刚毅、浑厚挺拔、欣欣向荣、长盛不衰之美感。

左图为小鳞叶，右图为大营养叶

产于福建、广东、云南、台湾等地， 长江以北盆栽

后凋谢；雌株一般隔年开花，香味稍淡些，花期可长达5～6个月。长江以北地区需在室内越冬，终年不开花，偶有花开，才有“千年铁树开了花”之说。羽状叶片是现代艺术插花最常用的配料，可保持长久不凋。

可见树干顶部的雌球花。春秋季抽长新叶时不能放在阴处

雌球花颜色有乳白色、蛋黄色、绿色等

我国人民常把铁树开花看成是吉祥、幸福的征兆。苏铁还给人以富贵博大和庄严肃穆的感觉，常被用于机关及各种公共场所的绿化。

苏铁起源古老而且长寿，寓意源远流长，现存古苏铁多在名山古寺。

红褐色的种子有“凤凰蛋”之称，10月成熟

苏铁科植物可为研究古气候、古地理及植物区系的演变提供依据。国际濒危野生动植物贸易公约（CITES）已将所有苏铁列入限制商业进出口的保护名录。

苏铁雄花像鲜黄色的玉米，单生树干顶端

各种苏铁雄花形状虽然大致相同，但近看有细微差别。

台湾苏铁的雄花有上伸的刺状物

云南苏铁的雄花外观略像菠萝纹

苏铁科有10属，约110种，我国仅有1属8种，如台湾苏铁 *Cycans taiwaniana*、云南苏铁 *Cycans siamensis*、叉叶苏铁 *Cycans micholitzii* 等。

台湾苏铁

叉叶苏铁树干矮圆柱形，叶长2～3米

云南苏铁树干较光滑

原始类型分杈。这是云南省的古铁树

银杏 *Ginkgo biloba* 我国特产。孑遗植物

又称公孙树、白果树、鸭脚树、蒲扇。落叶乔木。雌株一般20年左右结实，40年后才能大量结果。种子可食，且可药用。近来发现叶片提取物具有治疗心血管等疾病的作用。木材素有“银香木”或“银木”之称，

银杏科

银杏属

高可达40米

河北抚宁县这棵古银杏虽逾千年，仍枝繁叶茂，果实累累

这棵古树树皮集合了几种形态：可见平行状、树瘤、深裂状和鳞片状

我国北起辽宁，南至广东，广泛栽培，现遍及全球

具有特殊的药香味，抗蛀性强，具共鸣性、导音性和富弹性，是制作乐器的理想材料。银杏对烟尘和二氧化硫、硫化氢、粉尘及核辐射有较强的抗性。

早春一片新绿

入秋满树金黄，为优良色彩树

雄球花生于短枝顶端叶腋或苞腋，有长梗，柔荑花序状，淡黄色

雌球花数个生于短枝顶端叶腋或苞腋，淡绿色。5月开花

国家一级重点保护野生植物。珍贵的用材和干果树种。许多原始性状，对研究裸子植物系统发育、古植物区系、古地理及第四纪冰川气候有重要价值。

短枝上的叶簇生，有细长的叶柄

长枝上的叶辐射状散生

银杏在漫长的“地质时期”保持了遗传稳定。据报道，1945年日本广岛因原子弹爆炸成为一片废墟，日后，在废墟上第一个吐露新芽的树种就是银杏，而且没有出现大的畸形。

叶多为扇形，也有三角形、截形、纸卷形和如意形，有波状缺裂，有大有小，均因树龄、品种、长势强弱等而不同

银杏是适应性强、抗逆力强、无病虫害、寿命长的雌雄异株树种，著名的无公害树种，中国四大长寿观赏树种（松、柏、槐、银杏）之一。

生长较慢，寿命极长，现存3 000余年大树，仍枝叶繁茂果实累累，是树中的老寿星。各地名胜古迹常有千年古树。贵州福泉县的“天下第一银杏”树高38.5米，胸径497厘米，被载入世界吉尼斯纪录。

种子椭圆形，熟时橙黄色，10月成熟

外种皮腐烂，有臭味　　刚脱落外种皮的中种皮　　内种皮

种子核果状。没有果肉，只有种皮，分外、中、内果皮。肉质外种皮有毒

银杏是现存种子植物中最古老的孑遗植物。单属单种，曾广泛分布于北半球，50万年前地球突然变冷，我国的部分银杏奇迹般地保存下来，故被称为“植物界的活化石”“植物界的大熊猫”。

南洋杉 *Araucaria cunninghamii* 世界五大风景树之一

常绿乔木。幼叶或小枝叶片软，镰刀状，大树及老枝上的叶呈卵形或三角状卵形。幼树是珍贵的观叶植物，幼树至大树的形态变化很大。具较强的抗病虫、抗污染能力。适宜的生长温度为10～25℃，冬季最低温

南洋杉科
南洋杉属

在原产地高达70米，胸径1米以上

幼树树冠尖塔形

原产大洋洲，我国广东、海南、福建等地栽培

度需保持在5℃以上。生长迅速，材质优良，是大洋洲重要用材树种。体态秀丽美观。近年来，有人用盆栽的南洋杉作为圣诞树，过了节仍可继续栽培观赏。

叶螺旋状着生或交叉对生

叶有3种形态。种子2～3年成熟

盆栽南洋杉以高1米左右为佳，为观叶植物上品

大树树冠平顶，树枝轮生下垂，上面的叶片呈三角状卵形

云南油杉 *Keteleeria evelyniana* 高山造林树种

常绿乔木。因含油脂多，故称油杉。雌雄同株。深根性，生长较慢，萌芽力强。有较强的抗虫性，还耐火烧。耐寒耐旱能力较差。木材淡褐色，具红纹，结构细致，硬度适中，耐久用。种子含油率达30%，可用于

松科

油杉属

高可达40米

老树皮厚而粗糙

主要分布在云南、贵州等海拔1 000米以上地带

制造肥皂。根皮具药用价值，可解毒疗创。但是，幼叶及根不可食用，食后得肿病，发病率100%。油杉特产我国，渐危种，是古老的残遗树种，对研究我国南方植物区系有一定的价值。

条形叶较厚，长2～6.5厘米

雄球花

雌球花直立，单生短枝枝顶

球果圆柱形，长15～20厘米，果鳞外缘向外反卷

云南油杉是油杉属中的一种，还有海南油杉、旱地油杉、台湾油杉、青岩油杉、江南油杉等。

日本冷杉 *Abies firma* 庭院绿化的优良观赏树种

因原产日本而得名。常绿乔木。树冠幼时尖塔形，老时为广卵状圆形。条形叶在幼树或徒长枝上者长2.5～3.5厘米，先端呈二叉状，在果枝上者长1.5～2厘米，先端钝或微凹。球果圆柱形，长10～15厘米。

松科

冷杉属

高可达50米

老树皮暗灰色，鳞状开裂

原产日本，我国大连、青岛、南京及台湾等地引种栽培

木材松软，纹理直，易加工，是造船、建筑和家具的良材。树姿雄伟，叶色浓绿，为庭院绿化的优良观赏树种。条形叶密生而叶色浓绿是与其他冷杉区别的要点。

枝顶红棕色的是冬芽

密生的条形叶，先端呈二叉状

杉松 *Abies holophylla* 山区造林和园林绿化树种

又称辽东冷杉。木材黄白色，故又名白松。常绿乔木。喜冷湿气候，耐寒。自然生长在土层肥厚的阴坡，干燥的阳坡极少见。浅根性树种。幼苗期生长缓慢，10年后渐加速生长。寿命长。

松科

冷杉属

高可达30米

枝平展

老龄树皮灰褐色，不规则鳞状开裂

条形叶簇拥着雄球花

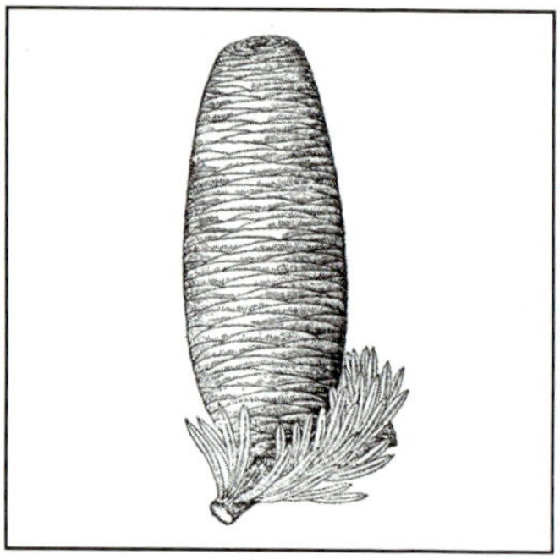

球果直立，长6～14厘米

产于牡丹江流域、长白山及辽宁东部海拔500米以上山区

材质轻软，纹理直，韧性好，可供建筑、桥梁、枕木、板料用材。树根、树叶可提取芳香油，种子含油约30%，可制肥皂。高原风景和城市园林树种，还可盆栽作室内装饰。北京引种后生长良好。

线形叶长2～4厘米，坚硬

冬芽卵圆形

树形优美，冬季也是碧绿色的。2009年3月摄于北京植物园

臭冷杉 *Abies nephrolepis* 华北地区的珍贵树种

又名东陵冷杉、臭松、华北冷杉。常绿乔木。根系浅，极耐阴，耐水湿，生长较慢，天然林老树木材易受菌害，心材易朽，故不耐久用。花期4～5月，果期10月。是优良的庭园观赏树种。

松科
冷杉属

高可达30米

站在臭冷杉近前闻不到臭味儿，掰开枝叶也闻不到臭味。真是奇怪的名字！

冷杉树皮

臭冷杉树皮

冷杉、臭冷杉树皮都近平滑，但臭冷杉树皮常具横列的灰色疣状皮孔

产于东北小兴安岭、张广才岭、长白山山区及华北山地

叶可提取香料用于医药；树干可取松脂；树皮含鞣质。针叶和嫩枝用水蒸气蒸馏获得精油（冷杉油），广泛用于香皂、香水、消毒剂、房间除臭剂等香精中，也可用于糖果、焙烤食品和饮料的加香。

雄球花。叶长1～3厘米

幼果长5～9厘米

成熟果黑褐色

东北凉水林场的臭冷杉圆锥形树冠

北京植物园栽培的臭冷杉

冷杉 *Abies fabri* 优良的用材树种

常绿乔木。绝大多数冷杉分布在高海拔寒冷地区，喜湿冷，适宜平均气温0～6℃的地方。耐阴性强，浅根性，天然林生长缓慢。木材纹理直，均匀细致，质轻软，易加工，可供建筑、电杆、板材等用。

松科
冷杉属

小枝对生

高可达40米

产于四川海拔2 000米以上地带

冷杉的树皮、枝皮含树脂，著名的加拿大树脂即是从香脂冷杉的幼树皮和枝皮中提取的，是制切片和精密仪器最好的胶接剂。国产冷杉也可提取相似的胶接剂。

臭冷杉的叶斜上直伸

冷杉叶向下反卷

冷杉、臭冷杉叶对比

冷杉是松科冷杉属植物的通称。全世界约50种，广泛分布于亚洲、欧洲、北美及非洲北部的高山地带。中国约有23种，分布于东北、华北、西北、西南及浙江、台湾、广西、贵州和湖南等地的高山地带。常组成大面积纯林或混交林。主要树种有：杉松、臭冷杉、新疆冷杉、鳞皮冷杉、岷江冷杉、冷杉、长苞冷杉等。

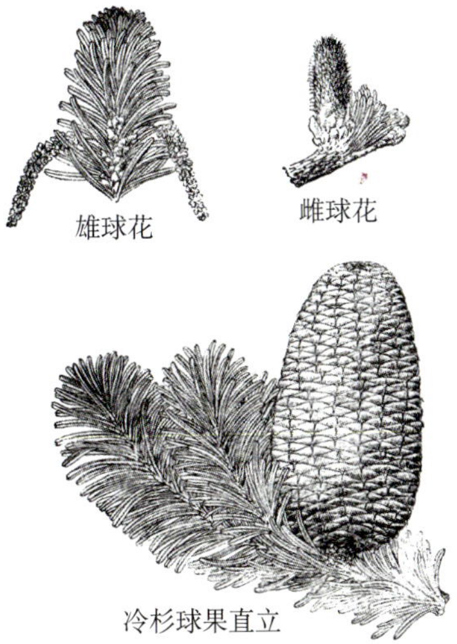

冷杉雌雄花、球果线条图

黄杉 *Pseudotsuga sinensis* 我国特有树种

常绿大乔木。渐危种。具有耐干旱、瘠薄，抗风力强，病虫害少的特点。花期4～5月，球果10月成熟。多生于向阳山地和山脊。喜气候温暖或温凉。阳性树种，根系发达，在岩石裸露的山脊、山坡亦能生长。

松科

黄杉属

高可达50米

产于云南、四川、贵州、湖北等地海拔800米以上山区

黄杉对研究植物区系和黄杉属分类、分布有学术意义。由于材质优良，多被砍伐，现残存林多分布在交通不便的山区，是树木育种难得的种质资源，为国家二级保护渐危种。

条形叶长1～3厘米，先端钝圆，有凹缺

雌球花

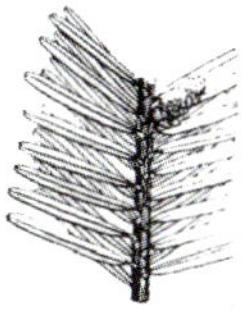

雄球花

球果下垂

黄杉属植物间断分布于中国与北美，其材质优良。名材花旗松即为该属的北美种类，名曰北美黄杉。

北美黄杉 *Pseudotsuga menziesii* 世界著名的高大乔木

又称花旗松。常绿大乔木。树龄可达1 400年。我国江西引种栽培，但生长不理想。材质致密，具独特的纹理和漂亮的红棕色外观，属贵重木材。所有花旗松木材均按有关的国内或国外的等级标准进行加工和分类。

松科

黄杉属

原产地树高可达100米，俗称“世界爷”

原产美国太平洋沿岸

花旗松能快速、均匀干燥，干燥后的木材保持平直，很少出现裂纹或变形，在自然状态下具有很好的防腐性，对钉子和螺钉有较强的咬合力，胶合性能佳，能较好地吸收油漆和着色剂。

排列整齐的条形叶长1～3厘米

通常说的花旗松是商品名，实际上不属于松属，而是黄杉属，因此叫北美黄杉更科学。

在木材流通中，杨属树种统称为杨木，落叶松属树种均称为黄花松，松属树种均称为松木。虽然它们的物理性质大致相似，但有的树种间差异还是很大的，如核桃楸、水曲柳、麻栎等都属于硬木，但它们的力学性质区别很大。因此可以说商品名不够严格，附拉丁学名更科学。

银杉 *Cathaya argyrophylla* 国家一级保护植物

又名杉公子。常绿乔木。阳性树种，根系发达，喜光、耐寒、耐旱、耐瘠薄、抗风。多生于土壤浅薄、岩石裸露的山脊、山的顶部，或悬岩、绝壁隙缝间。木材有光泽，软硬适中，为制作家具的良材。

松科

银杉属

高可达30米

具开展的枝条

用作园林观赏树效果极佳

产于广西、四川、湖南、贵州等地海拔1 000米以上山区

由于叶片银色（碧绿的叶背面有2条显著的粉白色气孔带），形似杉树，定名银杉。拉丁学名的意思是“华夏树”。孑遗树种，中国特有的世界珍稀物种，和水杉、银杏一起被誉为植物界的“国宝”。

远在地质时期的新生代第三纪时，曾广泛分布于北半球的欧亚大陆，在德国、波兰、法国及俄罗斯曾发现过它的化石。1955年夏季，我国的植物学家在广西桂林附近发现了一株外形很像油杉的苗木，后来又采到了完整的树木标本，经鉴定，认为就是地球上早已灭绝的，现在只保留着化石的珍稀植物——银杉，引起世界植物界的巨大轰动。

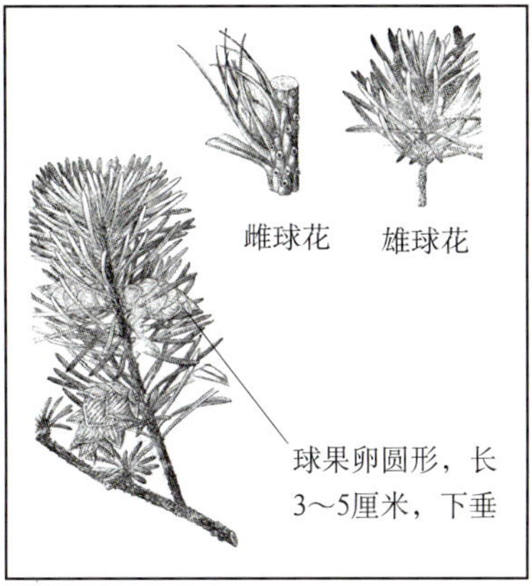

银杉花果线条图

奇特的丛状叶长4～6厘米，基部渐窄

云杉 *Picea asperata* 西南高山区的适生用材树种

常绿大乔木。多分布于年平均气温4～12℃、年相对湿度60%以上高山地带或高纬度地区。能忍受－30℃以下低温。浅根性树种，容易发生风倒现象。结实年龄一般为30～40年，60～120年为结果盛期。

松科

云杉属

高可达45米

通过养护才能保持云杉枝叶茂密、上有顶枝、下枝能长期生存、不露树脚的形态

产于甘肃、陕西、四川等地海拔2 400米以上山地

树干高大通直，节少，材质略轻柔，纹理直，结构细致，易加工，具有良好的共鸣性能，是建筑、制作家具、乐器（钢琴、提琴）等的良材。针叶可提取芳香油。树皮含单宁。

冬芽和条形叶

冬芽特写

下垂的、长圆柱状的当年生幼球果

成熟球果

大致每4～5年出现一次种子年

冷杉与云杉最容易区别点在于：冷杉球果直立，成熟后种鳞脱落。云杉球果下垂，成熟后种鳞宿存。

红皮云杉 *Picea koraiensis* 优良用材和绿化树种

常绿乔木，花期5月下旬，9月下旬球果成熟，10月下旬种鳞开裂，种子飞散。适应性较强，耐全光、耐湿、耐寒、较耐阴、也耐干旱，稍呈浅根性，侧根发达，生长比较快。

松科

云杉属

高可达30米

幼树树形

云杉属根据叶的形状、叶下（背）面气孔线的多少和有无，可分为3组，即云杉组、丽江云杉组和鱼鳞云杉组。云杉组包括红皮云杉、白杄、青海云杉、雪岭云杉、新疆云杉、青杄、台湾云杉等；丽江云杉组包括丽江云杉、紫果云杉等；鱼鳞云杉组包括鱼鳞云杉、麦吊云杉、西藏云杉等。

主要分布在东北的小兴安岭、张广才岭及长白山林区

我国东北长白山至小兴安岭森林的主要树种。木材黄褐色，纹理直，强度高于红松，是优等建筑和家具用材。树姿优美，为园林绿化优良树种。

叶和冬芽

云杉属约40种，分布于北半球。中国约有20种，分布于东北、华北、西北、西南以及台湾等地。

雄球花

球果卵状圆柱形或长卵状圆柱形

左为红皮云杉枝叶，右为青杄枝叶

白杄 *Picea meyeri* 我国特有树种

四棱形叶均有白色气孔线，如白霜因而叫做白杄。常绿乔木。是国产云杉中分布较广的种，是华北城市如北京等地的乡土树种。1908年迈尔（F.E.Meyer）引种至美国，日本亦有引入。

松科

云杉属

高可达30米

树冠尖塔形

叶气孔线极明显，远看像挂了层白霜

产于山西、河北、内蒙古等地中高山区

木材黄白色，较轻软，纹理直而细。可供建筑、家具、电杆等用。树形优美，为优良观赏树种。

雌球花紫红色，直立

雄球花，四棱形叶微弯

球果圆柱形，初期浓紫色

9～10月球果成熟。黄褐色

人工林景观。树冠狭圆锥形

青杆 *Picea wilsonii* 我国特有树种

又称细叶云杉。常绿乔木。树干挺直，树形呈狭圆柱形，雌雄同株，花期5月，果期10月。针叶较短。幼叶淡黄绿色，老后为翠绿色。耐阴性强，喜凉爽湿润气候，喜微酸性土壤，也能适应微碱性土壤。生长缓慢。

松科

云杉属

高可达50米

位于河北隆化县的这棵青杆天然生长良好，树龄已有400多年

产于内蒙古、河北、山西、湖北、甘肃、四川等地的山区

木材黄白色，纹理直，结构比白杄粗，可供建筑、枕木等用。树冠层次清晰，是极为优良的观赏树。近年来，北方城市园林绿化中广为采用，效果很好。

叶长1～2厘米

雄球花

幼球果和成熟球果

园林栽培的青杄。摄于北京朝阳公园

青杆与白杆均为我国特产树种，但青杆是华北、西北、西南地区广泛分布的树种之一，而白杆为华北山区主要树种之一。

青杆(左)叶长1～2厘米，尖，颜色更翠绿些；白杆(右)叶长1～3厘米，钝，叶面发白

青杆芽卵圆形，栗褐色，芽鳞微反卷

白杆芽鳞向外反卷或开展，像小花

白杆果长6～9厘米

青杆果长4～7厘米

白杆(左)、青杆(右)果近景

青杆小枝(左)发黄，白杆小枝(右)发褐色。

云杉属是松科的1属，约40种，主要分布于北温带，我国是云杉属植物最多的国家，有19种。云杉属植物最早的化石发现于美国西部及日本的晚白垩纪地层中。中国秦岭以南等地的晚更新世沉积物中发现了云杉属植物的花粉及球果。云杉属植物通常树皮薄，鳞片状。

红皮云杉树皮　　青杆树皮　　白杆树皮

云杉属树种树皮对比

欧洲云杉 *Picea abies* 北欧重要用材树种

又名挪威云杉。常绿大乔木。干形直，枝条浓密，针叶鲜绿色。与同属其他植物的主要区别：小枝通常下垂，幼枝淡红褐色或橘红色，无毛或有疏毛。冬芽圆锥形，上部芽鳞明显反卷，无树脂，叶先端急尖。

松科

云杉属

树冠尖塔形

高可达60米

树干笔直，枝条浓密，针叶鲜绿色

产于欧洲北部至中部，我国适生区域为辽宁至江西

喜温凉气候及深厚湿润的酸性土，耐寒性强，生长快，适应性广。冬芽圆锥形，芽鳞显著反卷。球果圆柱形，长10～15厘米。我国引种栽培，为优美的观赏树种，广泛用作圣诞树。

冬芽紫红色

叶四棱状条形，先端尖，长1～3厘米

林芝云杉 *Picea linzhiensis* 高山用材树种

因产于林芝而得名。常绿大乔木。叶四棱状或扁四棱状条形，长1～1.6厘米。球果长圆形，长7～10厘米，紫红色或红紫色。木材坚韧致密，纹理直，耐用，易加工，为建筑、家具良材。是产区的重要造林树种。

松科

云杉属

高可达40米

鲜明的树干和横展的侧枝

产于西藏及四川海拔3 000米以上地区

中国最美十大森林：西藏波密岗乡林芝云杉林，新疆天山雪岭云杉林，新疆轮台胡杨林，吉林长白山红松阔叶混交林，黑龙江、内蒙古大兴安岭北部兴安落叶松林，四川蜀南竹海，云南白马雪山高山杜鹃林，云南西双版纳热带雨林，贵州荔波喀斯特森林，海南尖峰岭热带雨林(其植被完整性和原始性生态可与亚马孙沿岸的热带雨林相媲美)。

高达几十米的天然林景观

混交林景观（干通直、颜色深者为林芝云杉）

雪岭云杉 *Picea schrenkiana* 优良高山用材树种

常绿乔木。是中亚荒漠带最主要的山地常绿针叶林。在天山林区中，90%以上的林地是雪岭云杉，被评为最美十大森林之一。雪岭云杉苍劲挺拔、四季青翠、攀坡漫生、其势如潮，犹如一道沿山而筑的绿色长城。据

松科

云杉属

高可达50米

此图摄于北京植物园，引种后生长不理想

一株雪岭云杉可贮水2.5吨，蒸发的水分与同纬度、同面积的海洋相比，要多50%。水汽升腾，化云成雨。因而，广阔的雪岭云杉生长区是十分宝贵的水源涵养区。

分布于新疆天山南北坡、昆仑山西部、准噶尔西部山地

说是在4 000多万年前，由青藏高原迁徙而来，成为大西北独有而又最为壮观的林木。

在天山的云杉林中，除了雪岭云杉外，还有天山云杉。

红皮云杉(左)和雪岭云杉(右)枝叶(反面)对比

芽孢长大逐渐会生出新叶

天山云杉 *Picea schrenkiana* var. *tianschanica*

雪岭云杉的变种。二者的区别很小，雪岭云杉的当年生嫩枝为灰色，天山云杉的嫩枝淡黄色或姜黄色，并且常常在林中混生。

摄于新疆的天山云杉天然林，树冠狭长，犹如收拢的巨伞拔地而起，层层叠叠

紫果云杉 *Picea purpurea* 西南高山珍贵用材树种

因球果紫色而得名。俗称铁杆松。常绿大乔木。其分布高度为3 000～3 800米，是生长在原始森林中的珍贵树种，也是我国西南高山特有的重要造林树种。木材淡红褐色，坚韧细致，纹理直，耐久用，可供飞

松科
云杉属

高可达50米

挺拔的树干

老树皮深灰色，纵裂成不规则的鳞状薄片

产于青海、甘肃、四川等海拔3 000米以上山区

机、乐器等用材，为云杉类材质中最优良者。

紫果云杉树体高大，但叶短果小，小枝密生短柔毛也是很奇特的，紫色的球果更是与众不同。

叶螺旋状排列，呈辐射状斜展，长0.7～1.2厘米

紫黑色或淡红紫色的球果仅长2.5～6厘米

天然林景观

西藏红杉 *Larix griffithiana* 西藏高山树种

因产于西藏而得名。又称西藏落叶松。落叶乔木。球花单性。雌雄同株。生于海拔2 800～4 000米的山坡。不仅分布于我国西藏，尼泊尔、不丹等国也有分布。生长较快，是西藏重要树种。

松科

落叶松属

高可达20米

大枝斜上展，小枝下垂

产于西藏东南部海拔3 000米以上的山区

木材硬度适中，可供建筑、家具等用。树皮可提栲胶。
红杉属于落叶松属中的红杉组，不属于杉属。红杉组小枝都下垂。

线形叶生在长枝和短枝上，长2～6厘米

圆柱形的球果长7～11厘米，直立

落叶松属分为两组：红杉组小枝下垂，如国产西藏红杉、喜马拉雅红杉、大果红杉、四川红杉等；落叶松组小枝一般不下垂，如黄花落叶松、华北落叶松、西伯利亚落叶松与引入的日本落叶松、欧洲落叶松等。

华北落叶松 *Larix principis-rupprechtii* 中国特有树种

因产于华北地区而得名。落叶乔木。强阳性树种，极耐寒。对土壤的适应性强，喜深厚湿润而排水良好的酸性或中性土壤。抗风力较强，在风力强处常形成扯旗形树冠。夏季能忍受35℃的高温，亦有一定的耐湿和耐

松科

落叶松属

高可达30米

河北丰宁这棵华北落叶松树龄已有400多年，高32米，作为适生地最大、最高、最粗的单株得到保护。

华北落叶松人工林景观

产于河北、山西、北京、辽宁等地海拔1 400米以上山区

旱力。生长迅速，在适宜地点最大的高生长量一年可近2米。每年很早即发芽，直至8月底才停止生长，生长期在针叶树种中最长。木材黄褐色，坚韧细密，可供建筑、家具用。

当年生球果。叶窄条形，长2～3厘米

成熟的球果长2～4厘米

春景

秋景

落叶松 *Larix gmelini* 优良用材树种

因冬季落叶而得名。是我国东北、内蒙古林区以及华北、西南的高山针叶林的主要森林组成树种，是东北地区主要三大针叶用材林树种之一。天然分布很广，在针叶树种中最耐寒，−50℃的条件下也能生长。

松科

落叶松属

高可达35米

森林景观

落叶松属约18种，分布于北半球，中国产10种，分布于黑龙江、吉林、辽宁、河北、山西、甘肃、新疆、西藏、四川及云南等省区。分布较广的有：落叶松、华北落叶松、西伯利亚落叶松、红杉等。

产于东北大兴安岭、小兴安岭海拔300米以上地带

树干端直，木材坚硬，纹理直，结构粗，易开裂扭曲，可供建筑、枕木、电杆等用。树体高大挺拔，冠形美观，根系十分发达，抗烟能力强，因此也是优良的园林绿化树种。

落叶松的果相对较小。图中还可见松科松属的球果（华山松、油松）果鳞肥厚，松科云杉属的球果（云杉）果鳞薄

落叶松球果

落叶松冬景。落叶松属中的落叶松组，小枝不下垂

日本落叶松 *Larix kaempferi* 优良用材和观赏树种

因原产日本而得名。落叶乔木。雌雄同株异花，球花均单生于短枝顶端。喜光、喜肥、喜水、喜温暖湿润的环境，抗风力差，不耐旱，也不耐积水，生长速度中等偏快。枝条萌芽力较强，有相当强的耐碱性。

松科

落叶松属

高可达30米

塔形树冠和横展的枝条

产于日本，我国东北、华北等地引种栽培

1909年前后引入山东，现河北、河南、江西以及北京、天津、西安等地均有栽培。树干端直，姿态优美，园林配置应用广泛。材质坚韧，耐腐力强，可供建筑、枕木、家具等用。

叶长1.5～3.5厘米，扁平翠绿，是落叶松属中良好的园林绿化点缀树种

球果卵圆形，长2～3.5厘米，种鳞上部边缘显著向外反曲

金钱松 *Pseudolarix kaempferi* 我国特有树种

因叶在短枝上簇生平展呈圆盘状，入秋叶色金黄，形似“金钱”而得名。又名金松、水树。落叶大乔木。多生长于低海拔山区或丘陵地带，适宜温凉湿润气候。是世界五大庭院树之一，为世界各国广为引种。

松科

金钱松属

高可达40米

树冠宽大，枝条轮生

金钱松属仅此一种

分布于我国长江流域一带山地

皮入药，名为“土荆皮”。种子可榨油。木材黄褐色，结构粗糙，但纹理直，又耐潮湿，可供建筑、家具等用。有较强的耐火性，在落叶期间如遇火灾，即使枝条烧枯、主干受伤，次年春天主干仍能萌发新梢。

叶条形，扁平柔软。在长枝上成螺旋状散生，在短枝上15～30枚簇生

老树皮粗糙，深裂成不规则鳞状块片

成熟球果褐色，长6～7.5厘米

金黄色的秋景

白垩纪金钱松曾在亚洲、欧洲、美洲都有分布，更新纪的冰河时期各地金钱松相继灭绝，唯有中国长江中下游残留少数，成为现今仅存于中国的单属单种特有植物，成为植物系统发育重要研究对象。被定为国家二级保护植物。

雪松 *Cedrus deodara* 世界五大公园树之一

又称香柏、喜马拉雅雪松。常绿乔木。雌雄异株，雄球花比雌球花花期早10天左右，自然授粉效果较差，故有球果的雪松较少。花期10～11月，果期翌年10月。大苗可耐-25℃的短期低温，抗风力差，对二氧化硫

松科

雪松属

高可达75米

大枝平展，小枝微下垂

原产于喜马拉雅山西部，我国长江流域多有栽培

抗性较弱。具有较强的防尘、减噪与杀菌能力。木材轻软，具树脂，不易受潮，耐久用，具刺激性的树脂香味，经蒸馏还可得芳香油。

针叶长2.5～5厘米，先端锐尖，常呈三棱状，坚韧，叶色由亮草绿色到蓝绿色或灰绿色，宿存3～6年。叶沿长枝散生，在短枝顶端则丛生

雄球花

雌球花

球果长7～12厘米，熟前乳白色至淡绿色

成熟的球果红褐色

雪松下垂的小枝

幼树树皮

成年树树皮

雪松幼年树和成年树树皮有较大区别

雪松同属中共有4种：喜马拉雅雪松、短叶雪松、北非雪松（大西洋雪松）和黎巴嫩雪松。后两种1920年引入我国南京等地。雪松属的4个种很难区别，而且能发生种间杂交。

雪松是黎巴嫩的国树，印度民间视为圣树。

南京的雪松著名，根据雪松树形及分枝情况分3个类型：翘枝型枝条斜向生长，枝顶梢下垂，树冠狭窄；平枝型枝条粗壮，平展生长，树形开张，新生小枝略下垂；垂枝型枝条幼时开展，以后向下斜生。

平枝型叶色浓绿，生长中等

翘枝型叶色黄绿，生长较快

垂枝型小枝全部下垂，生长缓慢

红松 *Pinus koraiensis* 国家二级重点保护植物

又称海松、果松。常绿大乔木。寿命长达300～400年。名贵而稀有，国外也只分布在日本、朝鲜和俄罗斯的部分区域。黑龙江省伊春市有祖国林都和红松故乡的美誉，全世界一半以上的红松资源分布在这里。

松科
松属

高可达50米

主干无节通直，为中国东北的“木材之王”

老树皮鳞片状脱落

产于黑龙江、吉林、辽宁等寒冷地区

材质极优良，常被选用为宫殿的大型立柱。种子为高级营养品，含油率达68%，东北地区常作为哺乳期的食用佳品。枝丫、树皮、树根可制造纸浆和纤维板。松根、松叶、松脂是松节油、松针油、松香等的原料。

针叶5针1束，长6～12厘米，粗硬

球果长9～14厘米，翌年9～10月成熟

庭院里培育的红松树冠开展，分枝低

红松幼树

偃松 *Cycas pumila* 松科松属中少有的灌木

又称爬地松，矮松。灌木状小乔木。分枝很多，冠幅大的可达5～10米。雌雄同株。雄花黄色，雌花紫色，球果紫褐色。花期6～7月，果期次年9月。阳性树种，稍耐庇荫，耐寒抗风，生于岳桦林中，在山脊及山顶

松科
松属

高1～6米

枝干偃伏丛生，终年青翠

生于山顶者近直立

树形奇特，是枝叶繁茂的观赏树种，常用于岩石园。“偃松幽径”位于莫尔道嘎国家森林公园12公里处，占地1 900多公顷，其面积之大、密度之高在林区实属罕见，被赞之为“兴安奇景”。

黑龙江、吉林、辽宁三省均有分布

有风害的岩石缝中亦能生长。目前人工栽培尚少。盆景很是名贵。果实成熟期为3年，俗称“千日果”，既是美味食物，又是食疗佳品，油脂含量高达72%，油脂中不饱和脂肪酸含量在90%以上。

叶5针1束，长3～7厘米，比红松叶短，细密

偃松林是常青的针叶灌木，是雪松的远亲。北纬52° 以北，海拔800～1 500米的大兴安岭是中国最适宜生长该树种的高寒地域。

种子

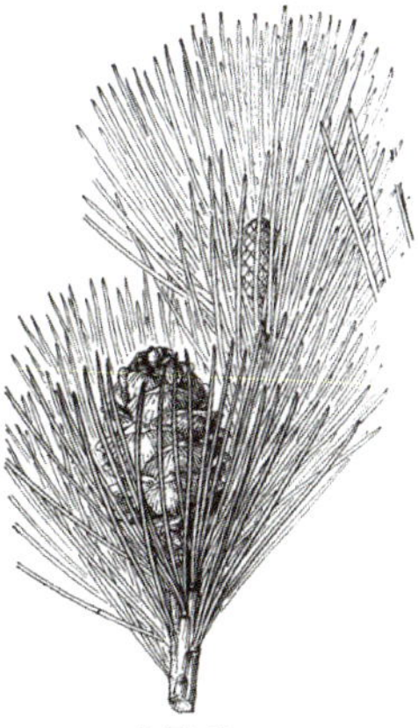

球果枝

华山松 *Pinus armandii* 优良观赏树种

常绿乔木。是我国西部中高山地区的主要树种。耐寒力强，在其分布区北部甚至可耐-31℃的低温。不耐炎热，在高温季节生长不良。喜排水良好，能适应多种土壤。北方栽培普遍，生长良好。

松科
松属

高可达35米

枝轮生

在松科松属中是树皮光滑的一种

产于我国西部、华东、华中等地

叶色翠绿，生长迅速，种子较大，营养价值高，是庭园绿化观赏和干果树种。材质轻软，宜作家具和建筑材。松节或松树生病后长出的瘤状物、松针及松子仁等均可入药，祛风燥湿、排脓拔毒。

幼树树皮灰绿色，平滑。叶色翠绿

冬芽

雄球花。叶5针1束

雌球花发育成幼果

球果相对较长，径比红松略小

孤植树景观

乔松 *Pinus griffithii* 优良观赏树种

常绿高大乔木，因而得名。是喜马拉雅山脉分布最广的森林树种。适应性强，生长快。喜光，稍耐阴，喜酸性土壤。花期4～5月，球果于翌年秋季成熟。

松科
松属

高可达70米

树上挂满幼果和成熟果

老树皮块状纵裂

产于云南、西藏山地。缅甸、尼泊尔等国也有分布

树冠优美，针叶柔美，北方园林中广泛用于观赏，孤植、列植效果均佳。材质好，纹理通直，易加工。供建筑、家具等用材，也可提取树脂及松节油；叶分泌松糖，可食。

圆柱形的幼球果长15～25厘米

球果成熟后淡褐色。叶5针1束，细而长

用于北方园林中的乔松，观赏效果很好

北美乔松 *Pinus strobus* 优良观赏树种

又称美国白松、美国五针松。常绿乔木，树冠呈阔圆头状。树皮暗灰褐色，块状裂片状脱落。花期4～5月，果于翌年秋季成熟。与乔松相比，其叶较短，不下垂。

松科

松属

高可达50米，比乔松矮得多

枝干稍向上扬

原产北美，我国南北各地均有引种栽培

根系发达，易移植。喜光，也稍耐阴，对风很敏感，在强风雨下通常会失去枝条，极不耐空气污染(臭氧、硫)和盐碱土。观赏价值较高，适应性强，可孤植、丛植、列植于路旁、草坪、花境等地。

成熟的圆柱形球果长8～12厘米。细柔的针叶5针1束，长6～14厘米

幼树树皮光滑、黑亮，枝轮生，叶蓝绿色

日本五针松 *Pinus parviflora* 优良的盆栽材料

常绿乔木。阳性树，但比赤松及黑松耐阴。喜生于土壤深厚、排水良好、适当湿润之处，在阴湿之处生长不良。对海风有较强的抗性，不适于砂地生长。生长速度缓慢。不耐移植。通常呈灌木状，仅供观赏。

松科

松属

在原产地高可达25米

层次分明的枝、密集的叶和向上伸展的芽

原产日本。我国长江流域引种栽培

珍贵的园林树种之一，最宜与山石配置成景，或配以牡丹，或配以杜鹃，或以梅为侣，以红枫为伴。姿态苍劲秀丽，松叶葱郁纤秀，富有诗情画意，近年来，广泛用于盆景制作中。

雄球花。茂密的针叶5针1束，长4厘米左右

卵圆形的球果长4～7厘米，无梗

山石中屹立的五针松

经过专门整形的树型

多姿的盆景，集松类树种气、骨、神之大成

白皮松 *Pinus bungeana* 我国特产树种

又称白果松（中种皮白色）、白骨松、三针松、虎皮松、蟠龙松。常绿大乔木。花期4～5月，果期翌年9～11月。是松类树种中能适应钙质黄土及轻度盐碱土壤的重要针叶树种。生长缓慢，寿命长达数百年之久。

松科

松属

高可达30米

园林培育的树干多样性

产于陕西、山西、河南、河北、四川、湖北、甘肃等地

对二氧化硫、氟化氢及烟尘污染有较强的抗性。材质轻软，纹理美观，有光泽。种子榨油可食用，还可作工业润滑油及制皂等；树脂可提炼松节油；树皮可作栲胶原料；根可提取松脂和松焦油。球果入药。

雌球花。枝顶是冬芽

幼果。枝顶是雄球花

带有种子的球果

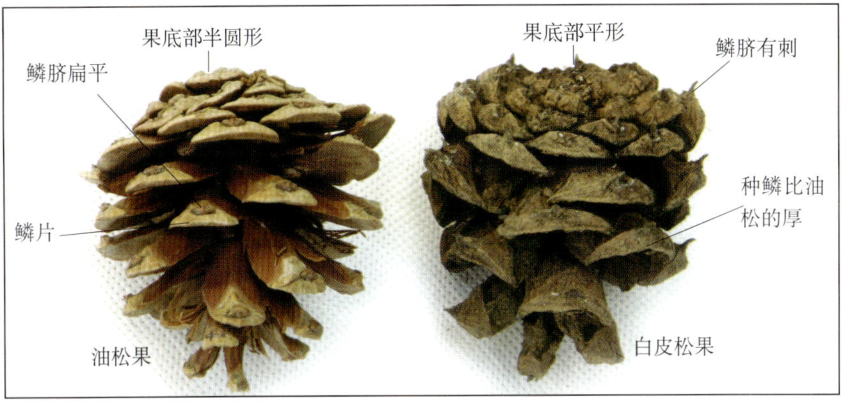

油松果、白皮松果对比

白皮松斑驳的树皮是观赏重点。据说，迷彩服就是根据白皮松树皮色彩设计的

白皮松是东亚唯一的三叶松，皮如蟒蛇、枝如长枪、叶如宝剑、干如神龙、形如塔钟、势如猛虎、神如仙鹤，颇具中国文化内涵，不愧为中华民族所特有的珍稀树种。清朝乾隆皇帝御封白皮松为“白袍将军”。

结满芽的单株树形，长长的芽向上挺立

孤植、列植、群植效果均好

白皮松和华山松树形对比。左侧是白皮松，右侧是华山松。枝的伸展方式明显不同

自古以来，白皮松广泛被植于宫廷、寺院中，后来东渡日本，扎根于奈良市，近年已引种美国，世界瞩目。在国内更是遍及十几个省，华北地区最大的一株在北京戒台寺，名曰“九龙松”。

主干上长有9条巨大的枝干，如9条巨龙腾空而起，故名“九龙松”。树高18米

天然野生林显现出在土壤稀少的山顶岩石中也能顽强地生长

赤松 *Pinus densiflora* 丘陵山区造林先锋树种

因树皮红褐色而得名。又名日本赤松，在日本是广泛分布的种。常绿大乔木。生长较慢，寿命可达200年。强阳性，耐寒，深根性，抗风力强，抗干旱，耐瘠薄，抗病力较差，可作沿海和干旱山坡造林的先锋树种。

松科

松属

高可达30米

松散的树冠

上部树皮红褐色或黄褐色

下部树皮灰褐色或黄褐色

产于黑龙江、吉林、辽宁、山东等地丘陵山区

材质轻软，较粗，富松脂，纹理直，结构细，不耐腐朽。木材多节，故难以加工成无节的成材，可供建筑、枕木、坑木、火柴杆、木纤维工业原料等用。树干可提取松脂、松香、松节油。种子含油供食用。

球果圆卵形

冬芽暗红褐色

小枝橙黄色或淡黄色

2针1束的叶长10厘米左右，比油松的细软

辽宁仙人洞国家自然保护区的赤松都是野生的，五成以上都过百岁，树龄最高可达170岁。天然赤松集中连片分布面积之大、树龄之高，至少在亚洲首屈一指。

樟子松 *Pinus sylvestris* var.*mongolica* 欧洲赤松的变种

又称海拉尔松。常绿乔木。分布区的气候夏凉冬冷，年平均气温0～6℃，极端最低温达-40～-50℃。阳性树种，根系非常发达，多生于较陡峻的阳坡或半阳坡上部，能适应瘠薄土壤，在砂丘上也能生长。有耐

松科
松属

高可达30米

上部的树皮黄色至黄褐色

下部的树皮，灰褐色或黑褐色

樟子松是我国“三北”(东北、华北和西北)地区优良造林树种之一。

产于大兴安岭海拔400～900米山地

寒、抗旱、耐瘠薄及抗风等特性。树干通直，生长迅速。木材纹理直，材质较细，有树脂，为良好的建筑、家具用材。树干可割树脂，提取松香及松节油，树皮可提取栲胶。

粗硬的针叶2针1束

幼球果卵圆形，黄绿色

成熟的球果淡褐灰色

树形及树干均较美观，常被用作行道树

呼伦贝尔有两处樟子松林景观。一是鄂温克族自治旗境内的红花尔基原始樟子松林带，总面积15公顷，是中国最大的樟子松基地。二是海拉尔西山樟子松林，在海拉尔市区，为园林式景观。

长白松 *Pinus sylvestriformis* 国家三级保护渐危种

因产于长白山而得名。又称美人松。常绿乔木。天然分布区很狭窄，是长白山林区的名贵树种。目前哈尔滨、白城、沈阳等地均已引种栽培，长势良好。花期5～6月，果期翌年8月，结实间隔期3～5年。

松科

松属

宽伞形的树冠和平展的大枝，高可达30米

下部树皮淡黄褐色至暗灰褐色

长白松是欧洲赤松分布最东的一个地理变种。欧洲赤松*Pinus sylvestris*是分布在西起大不列颠和伊比利亚半岛，东至东西伯利亚及高加索山脉，北达拉普兰之间广大范围的树种。

产于吉林长白山海拔800米以上的阴坡

长白松分布区的气候温凉，湿度大，积雪时间长，年平均气温4.4℃。材质好，纹理直，易加工，耐腐蚀，不扭不裂，为上等的家具用材和装饰材。花粉和木材提取物均可入药。

树态美观，树干通直，干性强。中上部树皮淡褐黄色到金黄色

油松 *Pinus tabulaeformis* 我国特有树种

又名红皮松。常绿大乔木。花期4～5月，果期翌年9～10月。深根性，喜光、抗瘠薄、抗风，在−25℃时仍可正常生长。但怕水涝、盐碱。是优良造林树种，现已成为西部半干旱地区首选的针叶造林树种。

松科
松属

高可达30米

大树常形成各种独具风姿的雄伟树冠

冬芽红棕色

从冬芽中萌生新叶。针叶2针1束

自然分布广，北起吉林、内蒙古，南至四川北部

木材纹理直，富松脂，耐久用，适作建筑、家具、枕木、矿柱、电杆、人造纤维等用材。树干可采松脂，树皮可提取栲胶。松节油治风湿关节痛，跌打肿痛。松叶治跌打损伤，湿疮，冻疮。松球治风痹、痔疮等。

雄球花初期

雄球花末期

雌球花

左侧是冬芽。右侧上雌球花发育成幼果

球果长4～9厘米，宿存枝上达数年之久

球果正面观

油松浑身是宝：四季可在伐倒的松树上锯取瘤状节；叶随时可采收；春、秋季采收球果；春、夏季花初开时采摘雄花序，晒干，搓下花粉；夏季在树干上收集树脂，加水蒸馏出松节油，残渣冷却为松香。

树冠中龄以前为广卵形

树冠中龄以后为平顶状

油松不畏风雪严寒，对环境适应性很强，为深根性树种，在石头缝里也能生长

油松又是重要的观赏树种，常成寺庙和庭院的重要景点，泰山海拔1 400米处的著名景观树“望人松”即为油松，终日风吹雾漫，始终生长良好。很多地方都有著名的景观树，如河北易县等。油松还是沈阳市市树。

九龙松局部。树皮灰棕色，鳞片状开裂

河北易县的“迎客松”

河北丰宁的这棵“九龙松”，主干倾斜生长，上有九条枝干，势如蛟龙。“一松生九龙，九龙蟠一松”。从四面观看，移步换形，叹为观止

松树有100多种，据报道只有马尾松和油松的花粉人类可以食用。松花粉主要取自这两种松树的花粉。松花粉集聚了松树顽强的生命力、长寿、抗病力强等特点，被誉为“花粉之王”，对人体有很高的保健价值。

高山松 *Pinus densata* 我国西南高山造林树种

又称西康油松。常绿大乔木。是甘孜林区特有的森林资源树种。四川省甘孜藏族自治州丹巴县丹巴景区的石缝中、山顶上生长的低矮、苍劲的高山松，树形小巧秀美，精悍苍翠，被人誉为“天然盆景”。

松科
松属

高可达30米

枝顶有红棕色的冬芽

树皮暗灰褐色

新疆的胡杨，甘肃的火炬树，黑龙江的暴马丁香，西藏的高山松（过去西藏林区居民点的灯就是吊在空中的高山松），广东的大王椰子都是地方象征性树种。

产于西北、西南海拔2 000米以上高山山区

材质细，较坚韧，富含松脂，适于作造纸及人造丝的原料、包装、工业用材等。树干可提取树脂，叶、根、果可提取芳香油。松针可药用，有祛风活络、止痛安神之效。

雄球花和2针或3针1束叶

幼球果长5～6厘米

成熟球果

雪山环抱的高山松天然林。摄于西藏

马尾松 *Pinus massoniana* 我国南方森林资源和用材树种

因枝叶状如马尾而得名。常绿乔木。木材纹理直，结构粗，耐水湿，硬度适中。叶可提芳香油，干可采松脂，皮可制胶黏剂和人造板，根可提取松焦油，果可提炼原油，松籽除食用外，可制肥皂、油漆及润滑油。

松科

松属

高可达40米

树冠壮年期呈狭圆锥形，老年期则开张如伞

树干通直

马尾松是我国南方资源面积大，经济价值高的树种。

产于长江流域以南广大地区，分布极广

马尾松是中国的乡土树种，其历史可追溯到2 400年前，从其花粉中收集松花粉在《神农本草经》中就有记载。现代科学解决了松花粉的保鲜、贮存及破壁的问题，使松花粉走进千家万户。

细柔的叶2针1束，长12～20厘米

球果长卵形，长4～7厘米

雄球花。枝条就像倒挂着的马尾巴

马尾松片林

黄山松 *Pinus taiwanensis* 我国特有树种

又称台湾松。常绿乔木。黄山松是由黄山独特地貌、气候而形成的中国松树的一种变体。球果宿存树上多年不落。是长江中下游地区海拔700米以上酸性土荒山造林的重要树种。材质中等，为建筑、家具用材。

松科
松属

高可达30米

树冠扁平，显出朴实、稳健、雄浑的气势

黄山每一处、每一株松树在长相、姿容、气韵上各不相同，根据它们的不同形态和神韵，人们起了贴切自然、典雅有趣的名字，如迎客松、探海松、蒲团松、黑虎松、卧龙松、麒麟松、团结松、连理松、竖琴松、龙爪松，这十大名松均被列入世界遗产名录。

产于台湾、福建、安徽、江西、湖南等地山区

在悬崖峭壁中黄山松无法垂直生长，只能斜展。为抵御风雪，针叶短粗，冠平如削，色绿深沉，树干和树枝也极坚韧，极富弹性。生长速度缓慢，高不盈丈往往树龄上百年，甚至数百年；根比树干长几倍、几十倍。

由于风吹日晒，许多黄山松只在一边长出树枝

左为黄山松球果及2针1束的叶。右为北美短叶松球果及2针1束、稀3针1束的叶

黑松 *Pinus thunbergii* 优良海岸绿化树种和盆景材料

冬芽银白色又称白芽松。常绿乔木。喜海洋性气候，耐潮风，耐干旱瘠薄，速生，抗病虫能力强。不耐水涝，不耐寒。因耐海雾，抗海风，也可在海滩盐土地生长。

松科

松属

高可达35米

树冠广圆锥形或伞形，大枝开展

老树皮灰黑色

原产日本、朝鲜，我国辽东半岛、江浙等地有栽培

木材多树脂，坚韧、耐久，常作农具、器具用。种子可榨油。用黑松制作的盆景，叶色深绿，枝条横展，老干苍劲虬曲，盘根错节，可表现出龙翔凤翥的奇姿和坚忍不拔的生机。

冬芽银白色，这是识别黑松的要点

雌球花着生在枝端

幼果及粗硬的叶2针1束，比油松粗硬

黑松喜海洋性气候。摄于北戴河

萌芽松 *Pinus echinata* 造林和用材树种

因树干上常有不定芽萌生出许多针叶而得名。常绿乔木。枝条每年生长多轮，小枝较细。鞍山有少数的萌芽松，辽宁东港市名胜景区大孤山有几百亩成片的萌芽松，成为大孤山四君子(松、竹、梅、牡丹)之一。

松科

松属

高可达40米

大枝平展，微下垂

树干上常有不定芽萌生的针叶

原产北美，我国江苏、福建引种栽培

根系发达，抗风、耐干旱、耐瘠薄，具有很强的萌芽能力，耐热又耐寒，能耐－30℃低温。生长较快，长势旺盛。材质较好，为有发展前途的造林和用材树种。

幼球果、成熟球果和成簇的叶

球果长4～6厘米

雄球花。叶长7～12厘米

嫩枝。叶2针1束稀3针1束

北美短叶松 *Pinus banksiana* 优良观赏和用材树种

因针叶粗短而得名。又名班克松。常绿乔木。枝条每年生长2～3轮。耐干旱，喜光，耐寒性强，在原产地能耐-50℃的低温。多生于低海拔排水良好的沙质及砾质土壤上，喜阳但不耐阴。

松科

松属

高可达25米

树上挂满球果

树干常歪曲

产于加拿大和美国北部，我国东北、华北引种栽培

我国辽宁、山东、河南等地曾引种栽培，是绿化及荒山造林的理想树种。有报道，将引种的北美短叶松与大兴安岭地区其他针叶树种进行比较，北美短叶松生长量远高于其他针叶树种。

幼果常扭曲，长2～4厘米。叶2针1束

成熟果常不开裂，宿存树上数年不落

杉木 *Cunninghamia lanceolata* 我国重要用材树种

又称杉树、刺杉。常绿乔木。生长快，材质好，木材纹理通直，结构均匀，不翘不裂。南方农村的打谷桶、大小盆，大都是杉木做的，经济、耐用、不漏水，别的木材不行。

杉科

杉木属

高可达35米，胸径可达2米以上

树干通直高大

各个树种的生长发育都要求一定的温度条件，超过极限高温或极限低温，就难以生长。谚语说“樟不过长江”、“杉不过淮河”。杉木就生长在秦岭、淮河以南。

分布于秦岭以南海拔2 000米以下山坡和丘陵

我国资源最丰富的树种之一。木材具香味，材中含有“杉脑”，能抗虫耐腐。根、树皮、球果、叶和杉节均可入药，治跌打损伤、烧烫伤、过敏性皮炎，研粉外敷，或皮、叶煎水洗。

球果长2.5～5厘米

叶有细锯齿，长2.5～6.5厘米

园林栽培的杉木

山地中生长的杉木幼树

秃杉 *Taiwania flousiana* 国家一级重点保护树种

常绿大乔木。世界稀有的珍贵树种。1904年在台湾中部海拔2 000米处被发现。黔东南雷公山国家自然保护区的秃杉原始林驰名海内外，是现今世界上少有的3个秃杉群落之一。

杉科

台湾杉属

高可达75米，胸径2米以上

大枝平展，小枝细长而下垂

只在台湾、湖北、贵州、云南有分布

珍稀的孑遗植物，冰期以后幸存下来，至今仍保存着其天然林和树龄达500年以上的大树。材质软硬适度，纹理细，易加工，是建筑、家具良材，还是当地用材林、风景林、行道树、水源林的良好树种。

奇怪的是幼树和老树上的叶不同。老树上的叶仅长0.2～0.5厘米，幼树及萌芽枝上的叶长0.6～1.5厘米

秃杉属于台湾杉属。它只有一个“孪生兄弟”台湾杉，由于长相相似，又分布在同一地区，通称为台湾杉。但秃杉的叶较台湾杉的叶窄，球果的种鳞比台湾杉多一些。虽说都是珍稀树种，但秃杉的数量更少，因此，秃杉被列为国家一级保护植物。

台湾杉 *Taiwania cryptomerioides* 国家二级重点保护树种

常绿大乔木。雌雄同株。是一种大型的杉科植物，是亚洲最高的树种之一，记录中有高80米、直径3米的树。像巨杉、水杉和银杏一样，台湾杉是世界典型的第三纪孑遗植物，是亚洲非常难得的资源。

杉科

台湾杉属

高可达75米，胸径达3米

摄于昆明植物园

台湾杉与秃杉的主要区别在于：台湾杉球果具15～21枚种鳞，秃杉球果具21～39枚种鳞。

产于台湾中央山脉海拔1 800米以上山地

分布区的特点是夏热冬凉，雨日及云雾较多，光照较少。材质软，但耐用并散发香味，还防腐，过去主要用于寺庙建筑和棺木。树的稀有与其缓慢的生长速度意味着供应量非常稀少，因此被立法保护。

大树的叶锥形，长0.3～0.5厘米；幼树及萌芽枝之叶两侧扁，长2.2厘米

柳杉 *Cryptomeria fortunei* 中国原产种

又名长叶柳杉、宝树、沙罗树、孔雀杉。常绿乔木。雌雄同株异花。花期4月，果期9～11月。不耐寒，夏季怕旱和积水。根系较浅，抗风力差。对二氧化硫、氯气、氟化氢等有较强的抗性。

杉科

柳杉属

尖塔形树冠

高可达40米，胸径2米

小枝细长下垂

干皮红棕色，长条状脱落

产于长江流域以南海拔1 000米以上地区，西南地区也有

材质轻软，结构粗，能抗白蚁蛀食，是重要用材树种。枝叶和木材加工后的废料可蒸馏芳香油。树皮入药，治癣疮；也可提制栲胶。浙江天目山自然保护区中的原始柳杉林以“大树华盖闻九洲”而驰名中外。

钻形叶长1～1.5厘米，螺旋状呈5列覆盖于小枝上，叶尖略向内弯。雄球花长约0.5厘米、黄色，雌球花淡绿色

小球果成熟后深褐色，长1.2～2厘米

浙南景宁县海拔1 010米的“柳杉王”高28米，胸径4.47米，树龄1 500余年，为全国之最。其上半截被雷电劈掉了，从两侧又长出枝干。树皮如巨龙鳞甲，粗硬凹凸。一个树洞有小房间那么大，放一张大圆桌，围坐12个人仍宽敞有余。

千头柳杉 *Cryptomeria japonica* 'Vilmoriniana'

日本柳杉的栽培品种。矮小灌木。树冠球形或卵圆形，小枝密集，短而直伸。叶小，排列紧密，深绿色。常被用为观赏和庭院绿化。

杉科

柳杉属

树冠千头球形

高仅有40～60厘米

原产日本，我国华东、华中等地引种栽培

日本柳杉为高达60米、胸径达6米的高大乔木，而千头柳杉仅为40～60厘米的矮小灌木。前者的叶长为0.4～2厘米，而后者的叶长只有0.3～0.5厘米。

排列紧密的叶枝

柳杉属只有柳杉和日本柳杉*Cryptomeria japonica*两种，产于我国和日本。但有不少的栽培品种，如千头柳杉就是日本柳杉的栽培品种。

水松 *Glyptostrobus pensilis* 我国特有树种

半常绿乔木。雌雄同株。耐水湿，为阳性树种，除盐碱地外在各种土壤上均能生长。幼苗时期主根发达，10多年后主根停止生长，侧根发达，生于水边或沼泽地的树干基部膨大呈柱槽状，并有露出土面或水面的膝状

杉科

水松属

高可达25米

水松枝叶较稀疏。后面是池杉

水松为我国特有的单种属植物、古老的残存种，对研究杉科植物的系统发育、古植物学及第四纪冰期气候等都有较重要的科学价值。被列为国家一级重点保护植物。

产于广东、福建、广西、云南、江西、四川等地

呼吸根。花期2～3月，果期9～10月。木材耐腐力强，可用于造船。根部木质松，可做瓶塞和救生圈。鲜果可提取栲胶。最适宜河边湖畔绿化用，多作观赏树。

摄于北京植物园的水松

枝稀疏，平展。树干褐色，裂成长条片

水松叶的3种类型

摄于昆明植物园的秋季水松

落羽杉 *Taxodium distichum* 古老的孑遗树种

因秋季侧生短枝脱落而得名。落叶乔木。树干尖削度大，基部通常膨大。小枝有主枝及侧生短枝两种，侧生短枝秋季脱落。叶二型，锥形叶在主枝上宿存，条形叶生长在侧生短枝上。球果熟时褐黄色，被白粉。

杉科

落羽杉属

高可达50米，春季侧生短枝下垂

棕色、长条片的老树皮

侧生短枝上的条形叶长1～1.5厘米。幼果灰绿色

原产北美，我国广州、杭州、上海、南京、武汉引种栽培

适应性很强，既能生长于陆地上，也可以生长在沼泽等湿地。可忍受-25℃的低温。属速生树种，每年高生长量可达1米左右。枝叶茂盛，春、夏两季叶色青翠，秋、冬两季逐渐转为暗红色，是优良的水景树种。

落羽杉秋景

池杉秋景，叶更显柔和

落羽杉、池杉对比

落羽杉秋季侧生短枝脱落，主枝依然存在。树叶变为红黄色

墨西哥落羽杉 *Taxodium mucronatum* 优良观赏树种

落叶乔木。大枝水平开展，侧生短枝螺旋状散生。幼树冠为金字塔形，成熟后上部展开呈伞状。我国上海、南京、昆明引种栽培，生长良好。据报道，可耐-17℃的低温，但仅在-5℃以内能保持常绿。

杉科

落羽杉属

高可达50米，胸径4米

大树的侧生短枝微下垂

原产墨西哥和美国西南部

具有生长迅速、树形美观、耐湿、耐盐碱、绿叶期长（长于落羽杉）、抗风力强、病虫害少等优良性状。近几年，在长江三角洲地区绿化中极受推崇，除在湿地、盐碱地绿化外，在其他绿地中也表现良好。

线形叶扁平，排成二列，翌年早春与小枝一起脱落

池杉 *Taxodium ascendens* 古老的孑遗植物

因常生于池沼湿地而得名。落叶乔木。树冠尖塔形。树干基部膨大，通常具膝状呼吸根。老树皮褐色，纵裂成长条片。极耐水湿，抗风力强，为平原水网区防护林、防浪林的理想树种。作为用材、观赏树栽植，生长

杉科

落羽杉属

高可达25米

树干基部膨大

良好。木材性质与落羽杉相近，耐腐蚀，是造船、建筑的好材料；由于韧性强，耐冲击，亦为制作弯曲木和运动器材的良材。

秋季下垂的雄球花

圆球形球果下垂

生于水边的树干基部通常膨大呈柱槽状

露出水面的屈膝状凸起的呼吸根

纵裂的树皮和长0.4～1厘米的锥形叶

夏季挂满球果的孤植树优美动人

水杉 *Metasequoia glyptostroboides* 我国特有树种

落叶乔木。雌雄同株。喜光，喜湿润，生长快。花期2月下旬，果期10～11月。对二氧化硫有一定的抵抗能力。播种插条均能繁殖，是园林绿化的理想树种。其木质轻软，可供建筑、器具及造模型用。

杉科

水杉属

高可达35米

尖塔形树冠，主干直

树皮灰褐色，裂成长条

小枝下垂。叶条形，柔软

分布于湖北、湖南、四川等地，华北以南均有栽植

寿命可达3 000年，被称为“活化石”。不仅是著名的观赏树木，同时也是荒山造林的良好树种，适应力很强，生长迅速，在幼龄阶段，每年可长高1米以上。世界上已有50多个国家和地区引种栽培。

雄球花

有长柄的幼球果当年成熟

成熟果褐色

“科学上的惊人发现——1亿年前称雄世界而后消失了2 000万年的‘东方红杉’，在中国内地一个偏僻的小村仍然活着！”这是1948年3月25日美国《旧金山纪事报》上登载的一条头号新闻。这里所说的“东方红杉”或叫“黎明红杉”就是水杉。水杉为我国一级保护植物。

春季叶色翠绿

秋冬季叶色变黄

北美香柏 *Thuja occidentalis* 优良观赏树种

又称美国侧柏。常绿乔木。喜光，耐阴，对土壤要求不严，能生长于温润的碱性土中。耐修剪，抗烟尘和有毒气体的能力强。生长较慢，寿命长。树冠优美整齐，园林上常作园景树点缀装饰树坛、丛植草坪一角，亦

柏科

崖柏属

高可达20米

塔形树冠

原产北美，我国青岛、南京、上海、杭州等地引种栽培

适合作绿篱。木材微黄，有黑节，有淡淡的香味，纹理清晰，古朴典雅，颇似抽象的艺术品。材质坚韧，耐腐性极强，变性小，为器具、家具和地板优良用材。

鳞叶上面深绿色，下面灰绿色或淡黄绿色，揉碎后有香气

球果长0.8～1.3厘米

摄于北京植物园

侧柏 *Platycladus orientalis* 北京市树，中国特产树种

常绿乔木。雌雄同株，这一点有别于圆柏雌雄异株。侧柏是北京山区低山针叶林中的主要树种之一。北京属于标准的温带大陆性季风气候，四季明显，冬季寒冷干燥，夏季炎热多雨。海拔1 000米以下属于山地褐土，

柏科

侧柏属

高可达20米

小枝扁平呈若干竖片状

树皮条状纵裂

产于我国北部及西南部，栽培遍及全国

此类土壤瘠薄、土温高、水分含量少、保水能力差，在此地带发育形成的森林植被由耐贫瘠干旱的种属组成，主要有油松人工林和侧柏林，现在分布的天然林只有侧柏林。

扁平叶

放大的雄球花

幼果长1.5～2.5厘米，开裂后变成褐色

球果当年开裂，露出种子

可见雌雄同株

明代李时珍《本草纲目》中有“乃多寿之本，所以可以入服食，道家以之点汤常饮”的记载。现代医学研究认为，侧柏叶对肺炎、痢疾、高血压等多种疾病有一定的疗效。

左起：圆柏雌株、圆柏雄株、侧柏。圆柏为雌雄异株，侧柏为雌雄同株

侧柏与槐并列为北京市树，古树名木甚多。美国前国务卿基辛格来到北京天坛公园，感慨地说："以美国的财力，我们可以建造十个甚至上百个祈年殿；以美国的历史，我们却培植不出哪怕一棵这样的古树来"。

侧柏幼树

北京中山公园的这棵古柏是辽寺的遗物

侧柏常被栽植于古寺、名庙中，这是河北赵县柏林寺的古侧柏。柏林寺为佛教胜地，建于东汉，有唐玄臧曾来此讲经的说法。

千头柏 *Platycladus orientalis* 'Sieboldii' 侧柏的栽培品种

又称扫帚柏、凤尾柏。常绿灌木。无主干，枝条丛生密集生长。适应性强，对土壤要求不严，但需排水良好。喜光，过度遮阴易使植株枝叶稀疏，不利于造型。北方地区广泛栽培，多用于园林绿化中。

柏科

侧柏属

高3米左右

球形树冠

片状的枝条离不开侧柏的遗传

丛生枝数也数不清

孤植景观。枝密生、直伸，叶深绿色

洒金千头柏 *Platycladus orientalis* 'Aurea'

侧柏的栽培品种。因其叶淡黄绿色故名洒金，又称金枝千头柏。喜光，耐湿，耐寒，耐旱，耐瘠薄。浅根性，萌蘖力强，耐修剪。对有害气体抗性弱。在中国及日本等地栽培悠久。

高2米左右

雌球花具多个珠鳞

金黄色的叶衬托着幼果

早春金黄色，后渐转黄绿色

干香柏 *Cupressus duclouxiana* 国家二类保护植物

又称冲天柏、干柏杉、滇柏。常绿乔木。较喜光，喜温暖湿润气候，抗旱力较强，耐寒，可耐-17℃低温。能适应酸性至石灰土壤，尤喜钙质土类。浅根性。

柏科

柏木属

高可达30米

树冠的大小与粗大的树干不大相称

端直的树干是作大梁柱的好材料

产于云南、四川、贵州海拔1 400米以上地带

我国柏科中分布海拔较高的乔木种，西南石灰岩山地的优良用材、水土保持、荒山绿化和观赏树种。生长快，萌芽力强，病虫害少。材质优良（接近柏木），耐久用，抗白蚁，供建筑、高档家具等用。

鳞叶近景

纵裂的褐色树皮

2004年11月摄于昆明植物园

巨柏 *Cupressus gigantea* 国家一级重点保护植物

我国特有树种。大乔木。寿命长，材质优良，为当地重要造林树种。国家二级保护动物小绯胸鹦就是以巨柏种子为食，以巨柏林为宿。保护巨柏，也就保护了小绯胸鹦。

柏科
柏木属

高可达50米，胸径6米

野生树胸径一般在1米以上

老树皮纵裂

产于西藏雅鲁藏布江流域海拔3 000米以上地区

相传在修建西藏第一座寺庙——桑耶寺时，为运送木材奴隶伤亡无数，一只乌鸦非常同情奴隶，站在山顶说："桑耶寺已修好，不需要木材了。"奴隶们听后将木材沿江丢弃。从此，这些木材就地生根发芽，成了如今的巨柏。

又有传说，苯教开山祖师的生命树是古柏，因此，林中最大、最古老的树上总是缠挂着"风马"，信徒们远道前来朝拜。

紧密排列的鳞叶

巨柏是柏科植物中年龄最大、树干最粗的树种之一。

2003年7月摄于西藏林芝。此树树龄200余年

柏木 *Cupressus funebris* 庭院观赏树

又名璎珞柏、垂柏。常绿乔木。喜光，喜温暖湿润气候，耐干旱瘠薄，也稍耐水湿，在其他树种不易生长的浅土层钙质紫色土和石灰土上能正常生长。能吸收大气中的二氧化硫和氯气等有毒、有害的气体，为十大

柏科

柏木属

高可达35米

树冠浓密，枝叶下垂

中国栽培柏木历史悠久，常见于庙宇陵园

产于我国长江流域以南，以四川、湖北、贵州最为常见

抗污染树种之一。木材有香气，纹理直，结构细，耐腐朽，为优良细木工材。种子可榨油，果、根、枝叶均可入药。树根提炼柏木油后的碎木经粉碎后作为香料，出口东南亚。

扁平下垂的鳞叶。球果径1厘米左右，熟时暗褐色，翌年5～6月成熟

木材坚韧耐腐，古代军队多以此材制作弓箭。柏木色黄、质细、气馥、耐水，多节疤，故民间多用其做“柏木筲”。上好的棺木也用柏木，取其耐腐。北京大堡台出土的古代王者墓葬内就有上千根柏木方整齐堆叠而成的围障，取香气以防腐。

柏木属共约20种，分布北美南部、亚洲东部、地中海等温带及亚热带地区。中国栽培柏木历史悠久。唐代大诗人杜甫居住成都时，曾描写武侯祠道：“丞相祠堂何处寻？锦官城外柏森森。”

行道树。摄于西藏拉萨罗布林卡

日本花柏 *Chamaecyparis pisifera* 优良用材树种

常绿乔木。原产日本，我国南京、上海、杭州、北京等地引种栽培，用于园林观赏，生长良好。适应性强，生长较快，病虫害少，繁殖容易。材质致密，坚韧耐用。栽培品种有线柏、绒柏等。

柏科

扁柏属

高可达50米

可见小枝扁平，排成一平面

正面绿色，背面白色

暗褐色的球果径约6毫米

线柏 *Chamaecyparis pisifera* 'Filicoides'

灌木或小乔木。小枝细长下垂至地

鳞叶先端锐尖

绒柏 *Chamaecyparis pisifera* 'Squarrosa'

灌木或小乔木

因条状叶柔软如绒而得名

日本扁柏 *Chamaecyparis obtusa* 优良速生用材树种

常绿大乔木。原产日本，我国南京、杭州、广州等地引种栽培。花期4月，果期10～11月。球果径8～10毫米，红褐色。木材轻软，加工后有光泽，芳香，为优良家具材。栽培品种较多，如云片柏、黄叶扁柏等。

柏科

扁柏属

高可达40米

列植绿化效果

叶覆瓦状密生

黄叶扁柏 *Chamaecyparis obtusa* 'Crippsii'

日本扁柏的栽培品种，又名日本黄叶扁柏。一年四季黄绿相映，曾荣获“园艺珍品”的美称。

高3～4米

黄绿相间的叶格外引人注目

外侧叶金黄色，内侧叶翠绿色

福建柏 *Fokienia hodginsii* 国家二级保护植物

古称椤木。常绿乔木。为古老的孑遗植物和中国特有的单种属渐危植物。以福建中部最多。雌雄同株。喜光性中等，幼年耐庇荫。要求温凉润湿以至潮湿的山地气候。浅根性，正常结实在20年前后。

柏科

福建柏属

高可达20米

树形观赏价值很高

产于福建、浙江、广东、湖南等长江流域以南广大地区

在台湾俗称越南桧木。木材干燥后尺寸稳定性良好，不劈裂，是作菜墩的良材。耐腐抗蚁性佳。根部及枝梢可用于制作精油或香皂的香料。为优良的园林绿化树种，还可盆栽。

生鳞叶的小枝扁平，三出羽状分枝。上面绿色，下面有白粉

当今最大的一株福建柏生长在浙江庆元县，树龄600多年，树高27米，胸径127厘米。

浅纵裂的老树皮

球果径2～2.5厘米，熟时褐色，翌年10～11月成熟

垂枝柏 *Sabina recurva* 园林绿化树种

因枝梢与小枝弯曲下垂而得名。又名曲枝圆柏、弯枝桧、香柏。乔木、小乔木或灌木。树皮灰褐色，浅纵裂。球果卵圆形，长9～12毫米，熟时紫黑色。木材细密，可供建筑、家具等用。

柏科
圆柏属

高可达10米

大枝向上斜展，枝梢与小枝弯曲下垂

分布于西藏东南部、云南西北部海拔2 500～3 700米山地

弯曲下垂的枝梢。刺形叶短，长1.2厘米

树皮灰褐色，浅纵裂

小果垂枝柏 *Sabina recurva* var. *coxii*

垂枝柏的变种，因球果较小而得名。产于云南西北部海拔2 400米以上地带。其与垂枝柏的区别是球果较小，长仅6～8毫米。应用同垂枝柏。

小果垂枝柏宽塔形浓密的树冠

小果垂枝柏下垂的枝梢

圆柏 *Sabina chinensis* 我国传统园林绿化树种

又称桧柏。常绿乔木。雌雄异株，少同株。耐修剪，忌积水。对二氧化硫、氯气和氟化氢有较强抗性。要避免在苹果、梨园等附近种植，以免发生梨锈病。不像侧柏那么耐贫瘠，多作观赏，尚少用于大规模造林。

柏科
圆柏属

高可达20米，胸径3～5米

老树皮灰褐色，裂成长条片

我国华北以南广大地区广泛栽培，朝鲜、日本有分布

材质致密，坚硬，桃红色，美观而有芳香，极耐久，宜作图板、铅笔、家具或建筑材料。种子可榨油，或入药。木材有香气，枝叶及树皮可入药。

鳞叶和刺叶并存

雄球花

雌球花

冬季景观。这棵古柏高19米，径5.4米，树龄1 700年以上

古称桧，因其“经霜不坠地，岁寒无异心”，自古作为高尚吉祥的象征。

在庭园绿化中用途极广，耐修剪又有很强的耐阴性，作绿篱比侧柏优良，下枝不易枯，冬季叶色依然浓绿。

下部丰满的造型，园林中常使用

幼树树冠整齐尖塔形

作绿篱可耐频繁修剪，并四季常青

因为易整形，常培育成各种形状

雌雄树远景。前面的是雌株

雌雄树中景。左边的雄株发黄

雄树近景，可见雄花

雌树近景，可见球果

圆柏雌雄树对比

侧柏球果径1.5～2.5厘米，当年成熟时褐色

圆柏球果径6～8毫米，第二年成熟时褐色

侧柏、圆柏球果对比

金球桧 *Sabina chinensis* ‘Aureoglobosa’

圆柏由于栽培历史悠久，栽培品种很多，如绿色叶中夹有金黄色叶的金球桧，枝条扭转、叶色浓绿的龙柏，新生叶绿黄色的金叶桧，树冠宝塔形的塔柏，具有鹿角状叶枝的鹿角桧等。

金球桧树冠球形，顶部杂有金黄色叶

龙柏 *Sabina chinensis* ‘Kaizuca’

龙柏树枝常有扭转向上之势

小枝密，多为鳞叶，冬季叶色浓绿

金叶桧 *Sabina chinensis* 'Aurea'

金叶桧新生叶均为绿黄色

塔柏 *Sabina chinensis* 'Pyramidalis'

塔柏高8～15米，树冠圆柱状塔形

鹿角桧 *Sabina chinensis* 'Pfitzeriana'

叶枝很像鹿角，因此得名

鹿角桧为丛生灌木，多为鳞叶，大枝自地面向上斜展

密枝圆柏 *Sabina convallium* 高山优良用材树种

又称深山柏、密条柏、细枝桧。常绿乔木或灌木。分枝多，密集。叶也是刺叶、鳞叶并存。花期4～5月，球果翌年9～10月成熟。球果卵状圆锥形或近圆球形，长6～8毫米，成熟前绿色，成熟后蓝紫色，内具1粒种

柏科

圆柏属

高可达20米

中下部分枝多、密集，但上部的叶稀疏

产于四川、西藏海拔2 500～3 700米高山地带

子。常生于较温暖而干旱的河谷地带，耐干燥、不耐严寒，在阳坡多组成小片纯林或散生于谷地。材质优良，供建筑、桥梁、家具等用。

生鳞叶的小枝近圆柱形

球果长6～10毫米

翠蓝柏 *Sabina squamata* ‘Meyeri’ 高山柏的栽培品种

又名粉柏、翠兰桧、翠柏、山柏树。常绿直立灌木。分枝硬直而开，小枝茂密短直。球果长0.6厘米，初时红褐色，逐渐变为紫黑色。喜光、耐湿，耐寒性差。喜肥沃的钙质土，忌低湿。

柏科
圆柏属

枝叶密生，叶蓝绿色

原产中国中部及西部，黄河至长江流域各城市有栽培

生长慢，寿命长达200～300年。用桧柏或侧柏作砧木，嫁接繁殖。树冠浓郁，叶色翠绿或蓝绿色，最适合孤植点缀假山石、庭院或建筑，盆栽作室内布置或盆景观赏。

全为刺形叶，长0.5～1厘米，3枚轮生，被白粉

高山柏是灌木，常生于海拔1 600～4 000米的高山地带，并多见于石灰岩山地的顶部，在其下部才会生长冷杉类、落叶松类树种。

由于耐修剪，常被用于绿篱。1999年8月摄于北戴河海滨

叉子圆柏 *Sabina vulgaris* 固沙造林树种

又名沙地柏、新疆圆柏。匍匐灌木或直立灌木或小乔木。枝密集，枝皮灰褐色，裂成薄片。叶二型，幼树上常为刺叶，壮龄树上多为鳞叶。花期4～5月，果期9～10月。喜光，喜凉爽干燥的气候，耐寒、耐旱、耐瘠

柏科
圆柏属

斜生丛状树形

鳞形叶和刺形叶同生

产于新疆、宁夏、内蒙古、青海等地海拔1 100米以上地带

薄，不耐涝。适应性强，生长较快，栽培管理简单，宜护坡固沙、作水土保持及固沙造林用，北京、西安等地有引种，是华北、西北地区良好的绿化、水土保持和固沙造林树种。

雄球花近景

球果长5～8毫米，熟时黑褐色

野生的叉子圆柏。2000年9月摄于新疆赛力木湖

刺柏 *Juniperus formosana* 中国特有树种

常绿小乔木或灌木。树冠塔形，大枝斜展或直伸，小枝三棱形，下垂。雌雄同株或异株。花期4月，果翌年成熟。喜冷凉气候，比圆柏的耐寒性要强得多，主根长而侧根发达，在干燥的岩缝间和沙砾地也可生长，

柏科
刺柏属

高可达12米

树皮褐色、纵裂

产于我国湖北、甘肃以南广大地区，长江流域多栽培

作为石园点缀树种最佳。叶片苍翠，冬夏常青，果红褐或蓝黑色，可孤植、列植形成特殊景观，是优良的园林绿化树种。心材红褐色，纹理直，结构细，有香气，并耐水湿，可作船底、桥柱以及工艺品用材。

叶全为条状刺形，坚硬，长1.2～2厘米

刺柏属约10余种，分布于北温带，我国产3种，引入栽培1种。刺柏属树种生长慢，大材难得。果为浆果状的球果，2～3年成熟，与杜松果相似。杜松就是刺柏属的。

杜松 *Juniperus rigida* 绿化树种

又称欧洲刺柏、普圆柏。小乔木。花期5月，球果翌年10月成熟。阳性，耐寒，耐干旱瘠薄，适应性强，生长较慢。北方各地栽植为庭园树、绿篱，盆栽或制作盆景。木材可供工艺品、雕刻、家具等用。球果入药。

柏科

刺柏属

高可达12米

幼枝在中龄树上直立，在老龄树上稍下垂

老树皮褐色，深纵裂

产于东北、华北和西北东部地区，朝鲜、日本也有分布

在西藏，杜松被用以防瘟疫。在蒙古，妇女临盆时会以杜松来助产。希腊、罗马与阿拉伯的医者也很看重杜松的抗菌功效。15、16世纪的药草学者极为赞赏杜松，不仅是由于它能防瘟疫，也因为它是咬伤的特效药。有趣的是，古凯尔特语的“杜松”意思是“咬伤”。有很长的一段时间，法国医院都拿杜松和迷迭香的枝条焚烧，以清洁空气。在南斯拉夫，杜松则被尊为万灵丹。圣经中曾提及杜松改善疲惫心灵的效果。

硬直的刺叶上面有一条白色气孔带。蓝黑色的球果被白粉

刺柏属植物果实和其他柏科植物不同，为浆果状球果。欧洲刺柏*Juniperus communis*是刺柏属中的一种，果肉质，味苦有清香。欧洲人一直使用刺柏果作为煮肉时的调味料，或作利尿药使用，或作啤酒苦味源，是非常受欢迎的基础烈酒。刺柏的法语为“Genévrier”，简称“Gin”，被中国酒界译成“金酒”（香港和大陆）或“琴酒”（台湾）。在文学作品和词典中经常称为“杜松子酒”。

竹柏 *Podocarpus nagi* 我国南方用材、观赏树种

因叶似竹干像柏，故名竹柏。常绿乔木。雌雄异株。3～4月开花，10～11月种子成熟。阴性树种，生于阴坡的比生于阳坡的生长快。是盆栽、盆景佳材，特别适合在采光不足的庭院中置景。

罗汉松科
罗汉松属

高可达20米

我国南方著名的景观树

分布于长江沿岸及以南地区

材质似杉木，故有山杉之称。材质优良，结构致密，纹理美观，加工性好，干燥后不开裂、不变形，且有光泽，材色淡黄而美观，是我国南方优良用材树种。

四季常青，是观赏性极佳的植物

长卵形叶长3.5～9厘米，色墨绿且闪光

罗汉松属约100种，分布于热带、亚热带及南温带，多产于南半球，中国约13种，分布于长江以南各省区及台湾，分布区较广的为竹柏和百日青。

百日青 *Podocarpus neriifolius* 珍稀树种

又称璎珞松、竹叶松。因种子像罗汉松的种子，叶片长条如松而又名长叶罗汉松。是罗汉松科中的孑遗植物，属活化石之一。云南是主要产地，西双版纳有一树龄达250年的百日青树，高24米，胸径96厘米，是

罗汉松科
罗汉松属

高可达25米

广卵形的树冠

树皮灰褐色，浅纵裂

分布于我国云南、广东、广西、海南、四川等地

中国记录到的百日青树中最大的一株。

百日青以修长美丽的叶片闻名于世。果托可食用，甜糯清纯，为佛门素食珍品。种子含油率达30%，榨油可食用，还可工业用。

叶常微弯，长7～15厘米，中脉显著似夹竹桃叶

罗汉松属植物的木材材质细致均匀，纹理直，有光泽，硬度适中，干后不裂，易加工，耐腐力强，供作乐器、文具、雕刻、农具、家具、建筑、桥梁、船舰等用。

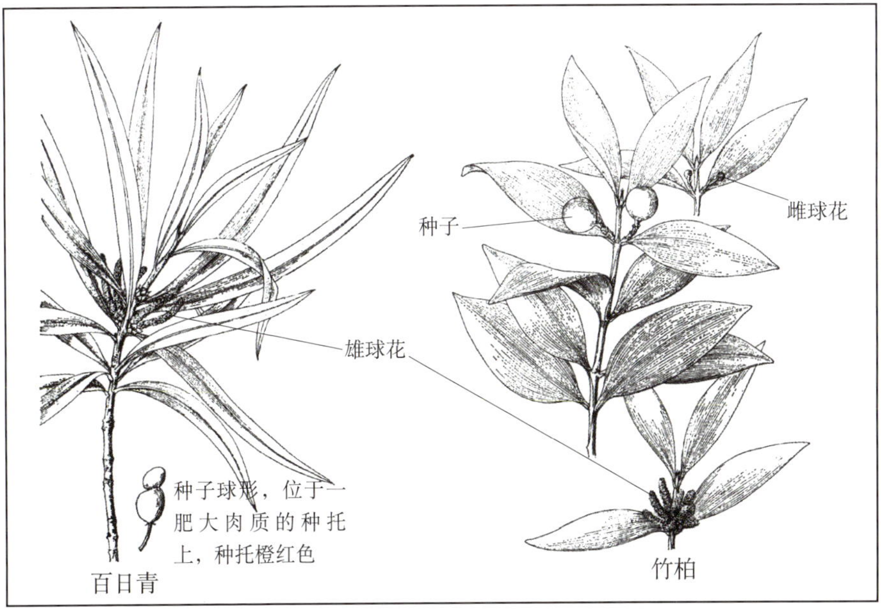

百日青、竹柏的花、果线条图

罗汉松 *Podocarpus macrophyllus* 重要观赏和用材树种

由于头状的种子和圆柱状的种托呈罗汉状，故名罗汉松。常绿乔木。花期5月，种子10～11月成熟。雌雄异株。雄球花穗状或分枝，雌球花的苞片发育成肥厚或稍肥厚的肉质种托。种子球形，生于种托上。

罗汉松科
罗汉松属

高可达20米

树姿秀丽葱郁

树皮灰褐色，浅纵裂

产于长江流域以南海拔1 000米以下广大地区

材质优良，为细木工材。树皮能杀虫，治癣疥；果可治心胃气痛。罗汉松可塑性大，可加工成多种树形，姿态苍古秀雅，与竹、石组景，极为雅致。如培养得法，经数十年乃至百年常荣不衰。

条状披针形的叶螺旋状排列

穗状雄球花单生或簇生叶腋

绿色种子（成熟时紫色）和或红、或黄的种托

盆栽效果

陆均松 *Dacrydium pierrei* 优良的用材及观赏树种

常绿乔木。雌雄异株。4～5月开花，10～11月种子成熟。阳性树种，根系发达，粗大的侧根沿地表伸展，抗风力强。陆均松在我国的分布区很窄为海南山地雨林的标志种，生长快，可作海南岛山地的造林树种。

罗汉松科
陆均松属

高可达30米

大枝轮生，小枝下垂

老树皮红褐色，气孔明显

产于海南，多分布在海拔800米以上谷地

近来，在海南已发现了一株高达35米、胸径达2米的大树。材质坚重、细致，为高级建筑、家具、细木工等良材。

幼树、萌生枝或营养枝的叶长1.5～2厘米，老树或果枝的叶长3～5毫米，上弯

罗汉松科的化石出现于晚三叠世。现存的罗汉松科植物共7属约130余种，分布于热带、亚热带及南温带地区，南半球居多。其中罗汉松属种类最多，次为陆均松属，约20种。中国产陆均松属1种，就是陆均松。

种子在枝端

种子枝

三尖杉 *Cephalotaxus fortunei* 国家二级保护植物

叶形似杉但柔软不刺手，枝端的冬芽呈3个排列，春天小枝又分3叉生长，故名三尖杉。常绿乔木。属于古老孑遗植物。能适应林下光照强度较差的环境条件，并能正常生长和更新。

三尖杉科

三尖杉属

高可达20米

广圆形的树冠

枝较细长，稍下垂

三尖杉属有9种，产于亚洲，我国有三尖杉和粗榧等7种。

产于我国河南、陕西、甘肃以南广大地区

材质优良，有弹性，具有多种用途。种皮、种仁含油率高。枝、叶、种子可药用。三尖杉是一种具有多种用途的重要野生经济植物，具有多方面的保护价值。

雄球花有粗花梗

叶排成二列，通常弯曲

种子长约2.5厘米

三尖杉是数百万年前地球上残存的古老植物，1979年在浙江景宁县发现。在三尖杉的根、茎里有一种叫三尖杉脂碱的抗癌物质，能有效地抑制某些癌细胞的生长，尤其对血癌（白血病）和淋巴肉瘤有显著疗效，被医学界称为“抗癌尖兵”。

粗榧 *Cephalotaxus sinensis* 我国特有树种

又名粗榧杉、中国粗榧。常绿灌木或小乔木。花期4月，种子次年10月成熟。耐阴，较耐寒，抗病虫害能力强。生长缓慢，喜湿润气候，侧根发达且萌芽力强，枝叶繁密耐修剪，可做园景树、盆景，又宜作切花装饰

三尖杉科
三尖杉属

高可达10米

灌木姿态。枝叶比较疏松

产于长江流域以南广大山区

材料。北京有引种。种仁富油脂，属油脂植物，可制肥皂、润滑油等。木材可作工艺品、农具等。叶、枝、种子、根均可提取多种植物碱，对治疗白血病及淋巴瘤有一定疗效。

小乔木姿态

雌球花具柄，生于小枝基部。叶质地较厚，长2～4厘米

种子长1.8～2.5厘米

成熟的肉质假种皮红褐色

红豆杉 *Taxus chinensis* 国家一级重点保护植物

因果实似红豆而得名。又称紫杉、美丽红豆杉。常绿乔木，南北各地均适宜种植，具有喜阴、耐旱、抗寒、管理简便等特点。自然环境下生长在海拔2 500～3 000米的深山密林之中，成材需50～250年。

红豆杉科
红豆杉属

高可达30米

广卵形的树冠

产于甘肃、陕西、四川、湖南等海拔1 000米以上山区

木材细密，色红鲜艳，坚韧耐用，为珍贵的用材树种。据报道，枝叶中含有抗癌特效药物紫杉醇，每提取 1 千克紫杉醇需要约10吨枝叶，每千克售价约37万美元。

长1～3厘米的二列条形叶和红色的种子

种子当年成熟，生于红色假种皮中

红豆杉制作的盆景在北京、上海、深圳等地卖到2 000多元1盆，被形象地称为珍贵的“摇钱树”。

红豆杉是第四纪冰川后遗留下来的世界珍稀濒危植物，已有250万年的历史。全世界自然分布极少，是公认的濒临灭绝的天然珍稀抗癌植物。

东北红豆杉 *Taxus cuspidata* 国家一级珍稀保护树种

又称紫杉、紫柏松、宽叶紫杉、米树等。常绿乔木。雌雄异株。花期5～6月，种子9～10月成熟，结樱桃大的奇特红豆果。阴性树种，要求阴、潮、疏松土壤，喜温暖湿润气候及酸性土，生长慢。

红豆杉科
红豆杉属

高可达20米

树冠倒卵形或阔卵形

东北红豆杉是我国4种1变种红豆杉之一，其他3种1变种为云南红豆杉、西藏红豆杉、中国红豆杉和南方红豆杉。

产于我国东北，日本、朝鲜、俄罗斯也有分布

材质优良，为细木工材。家畜在冬季常因喜食其叶而发生中毒。果实的假种皮微甜可食，多食也会中毒。茎、枝、叶、根中含紫杉醇等，有抗癌功能，并有抑制糖尿病及治疗心脏病的效用，故成为药材种植新宠。

红褐色的树皮薄质，片状剥裂

种子长约6毫米，开口的假种皮成熟时浓红色

枝条密生。2009年2月摄于北京植物园

东北红豆杉是第四纪冰川遗留下的古老树种，在地球上已生活了250多万年，不但侧根发达、枝叶繁茂、萌发力强，而且适应气候范围广、对土质要求宽，还耐修剪、耐寒、耐病虫害。

东北红豆杉寿命长，有的单株甚至可以生长千年不衰，既可作药用树种，还可作绿化树种，民间传说中有“风水神树”之称。

矮紫杉 *Taxus cuspidata* var. *nana* 东北红豆杉的变种

常绿灌木。具有较强的耐阴性，浅根性，侧根发达，生长迟缓。假种皮鲜红色，异常亮丽。花期5～6月，种子9～10月成熟。

观赏价值很高。可孤植或群植，又可植为绿篱，适合整剪为各种雕塑

红豆杉科
红豆杉属

半球状密丛灌木，树形矮小，树姿秀美，终年常绿

原产日本，我国东北及北京、青岛、上海等地有栽培

物式样。由于生长缓慢，枝叶繁多而不易枯疏，剪后可保持较长时期，在园林上广为应用。

条形叶和初生的雌球花

雌球花近景

左为东北红豆杉，右为叶色浓绿的矮紫杉。2009年2月摄于北京植物园

白豆杉 *Pseudotaxus chienii* 我国特有树种

又名短水松。常绿灌木或小乔木。花期3～5月，果期7～10月。阴性树种。根系发达，星散分布于陡坡深谷密林下或悬岩上。假种皮白色。种子有休眠期，需隔年发芽。

红豆杉科
白豆杉属

高2～4米

树皮灰褐色，条片状脱落

产于浙江、江西、湖南等海拔800米以上山区

白豆杉是第三纪残遗的单种属植物，分布星散，个体稀少，又是雌雄异株，生于林下的雌株往往不能正常受粉，天然更新困难，加之生境恶化，导致资源日趋枯竭，属国家二级重点保护野生植物稀有种。

枝顶部有芽孢

线形叶长1.5～2.6厘米，光绿色

红豆杉科在裸子植物中较为特殊，与松、杉、柏等科的种子生于球果中的情况大不相同，种子核果或坚果状，包于假种皮中。另外，该科几乎所有的种都为雌雄异株。红豆杉科共有5个属：红豆杉属、白豆杉属、穗花杉属、榧树属和澳洲红豆杉属。前4个属中国均有分布。

榧树 *Torreya grandis* 国家二级保护树种

又称野榧、羊角榧、榧子。常绿乔木。雌雄同株。耐阴，深根性树种，忌积水，不耐寒。在针叶树种中属于对烟害的抗性较强、病虫害较少，较能耐湿黏土壤的树种。材质具芳香，不翘不裂，耐腐耐磨。假种皮

红豆杉科
榧树属

高可达25米

枝轮生

鲜明的主干

产于浙江、江苏、福建、江西等地山区

可提取芳香油。种子可食，也可榨油。树桩可用于制作盆景。

榧树为第三纪孑遗植物，浙江是榧树分布区之一，有许多百年以上古树。其栽培品种香榧是当地特产干果树种，自古被视为珍果，名扬中外。

种外被红褐色，为肉质假种皮

黄褐色的老树皮不规则纵裂，右侧有滋生的小枝，可见交叉对生的叶

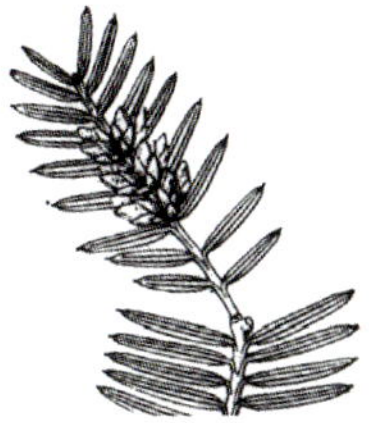

雄球花单生叶腋

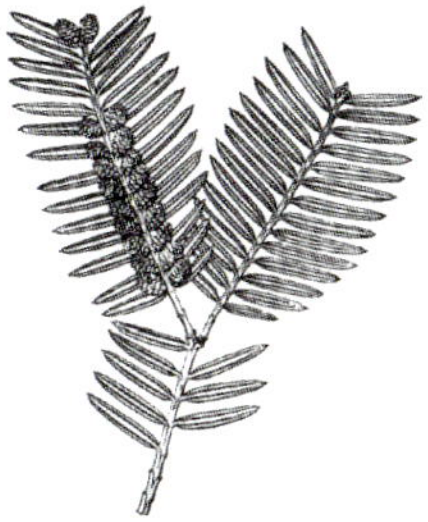

雌球花成对腋生

种子大小差异较大

榧树雄、雌球花及种子线条图

《本草纲目》中记载："榧亦作斐，其木名文木，斐然章彩，故谓之榧"；"榧子杀腹间大小虫，小儿黄瘦有虫疾者宜食之"。

榧树在日本有"山中宝石"之称，自古以来就是做雕像和造船的最佳材料。用榧树做棋盘是高级棋盘的首要条件，且要有250年以上树龄。

附录

十大抗污染树种

一、马尾松——防尘、吸尘能力极强，一棵成年树每年可吸附成吨的灰尘。

二、柏木——能吸收大气中的二氧化硫和氯气等有毒有害气体。

三、银杏——有较强的耐烟尘、吸收二氧化硫等毒气的能力。

四、槐树——枝叶可抗二氧化硫等多种有害气体。其叶还能分泌杀菌素。

五、刺槐——对二氧化硫、氯气、光化学烟雾等的抗性都较强，还有较强的吸收铅蒸气的能力。

六、臭椿——对二氧化硫、二氧化氮、氯气、硝酸雾等有毒有害气体的抗性强。

七、榆树——可抗二氧化硫、氯、氟等有毒气体和虫烟之害。滞尘能力强，吸附粉尘每平方米叶片可达10克以上。

八、构树——在二氧化硫、硫化氢、氯气污染源的下风向20～50米处种植，能正常生长。对酸和氮氧化物的抗性也强。

九、楝树——既能抗吸二氧化硫、氟化氢等有毒有害气体，又是杀虫能手，可防治12种严重的农业害虫，被称为无污染的植物杀虫剂。

十、女贞——对二氧化硫、氯气有较强的抗性，并能吸收铅蒸气。叶片，每平方米吸附粉尘可达6克。

图书在版编目（CIP）数据

图说千种树木.1/孟庆武，纪殿荣，纪惠芳主编.北京：中国农业出版社，2009.9（2015.8 重印）
ISBN 978-7-109-13543-7

Ⅰ.图… Ⅱ.①孟…②纪…③纪… Ⅲ.木本植物-中国-图集 Ⅳ.S717.2-64

中国版本图书馆CIP数据核字（2009）第165826号

中国农业出版社出版
（北京市朝阳区农展馆北路2号）
（邮政编码 100125）
责任编辑 刘彦博 闫芹 胡键

中国农业出版社印刷厂印刷 新华书店北京发行所发行
2009 年 9 月第 1 版 2015 年 8 月北京第 3 次印刷

开本：889mm × 1194mm 1/32 印张：6
字数：200 千字 印数：7 001—10 000 册
定价：48.00元
（凡本版图书出现印刷、装订错误，请向出版社发行部调换）